中学入試 まんが攻略BON!

理科

力・電気

Gakken

理科 力・電気

もくじ

★ この本の効果的な使い方 …………………………… 4

第1章 力と運動

1 てこの利用 ……………………………………… 8
2 てこのつり合い ………………………………… 16
▶▶▶ てこの利用とつり合い ▶重要ポイントのまとめ ……… 24
　　　　　　　　　　　　　▶基本例題で確認 ……………… 25
　　　　　　　　　　　　　▶入試問題に挑戦!! …………… 26
3 輪じくのはたらき ……………………………… 28
4 かっ車のはたらき ……………………………… 34
▶▶▶ 輪じくとかっ車 ▶重要ポイントのまとめ ……………… 40
　　　　　　　　　　▶基本例題で確認 …………………… 41
　　　　　　　　　　▶入試問題に挑戦!! ………………… 42
5 ばねの性質 ……………………………………… 44
6 つないだばね …………………………………… 52
▶▶▶ ばねのはたらき ▶重要ポイントのまとめ ……………… 58
　　　　　　　　　　▶基本例題で確認 …………………… 59
　　　　　　　　　　▶入試問題に挑戦!! ………………… 60
7 浮力のはたらき ………………………………… 62
8 浮力のつり合い ………………………………… 68
▶▶▶ 浮力のはたらきとつり合い ▶重要ポイントのまとめ …… 74
　　　　　　　　　　　　　　　▶基本例題で確認 ………… 75
　　　　　　　　　　　　　　　▶入試問題に挑戦!! ……… 76

| 9 | ふりこの性質 | 78 |
| 10 | おもりの動きとしょうとつ | 86 |

▶▶▶ おもりのはたらき ▶重要ポイントのまとめ …… 94
　　　　　　　　　　　▶基本例題で確認 …… 95
　　　　　　　　　　　▶入試問題に挑戦!! …… 96

● ハイレベル総合問題「力と運動」 …… 98
【実験器具の使い方】上皿てんびんの使い方 …… 100

第2章　電気

| 1 | 電球のつなぎ方 | 103 |
| 2 | 豆電球とかん電池 | 110 |

▶▶▶ 電流と回路 ▶重要ポイントのまとめ …… 118
　　　　　　　　▶基本例題で確認 …… 119
　　　　　　　　▶入試問題に挑戦!! …… 120

| 3 | 電流のはたらき | 122 |

▶▶▶ 電流のはたらき ▶重要ポイントのまとめ …… 132
　　　　　　　　　▶基本例題で確認 …… 133
　　　　　　　　　▶入試問題に挑戦!! …… 134

| 4 | 電磁石のはたらき | 136 |
| 5 | モーターを作ろう | 142 |

▶▶▶ 電磁石とモーター ▶重要ポイントのまとめ …… 148
　　　　　　　　　　▶基本例題で確認 …… 149
　　　　　　　　　　▶入試問題に挑戦!! …… 150

● ハイレベル総合問題「電気」 …… 152
【実験器具の使い方】電流計の使い方 …… 154
★ 答えと解説 …… 155

この本の効果的な使い方

★まんがで楽しく中学入試対策！

この本は、入試でよく問われる知識や考え方を、まんがでわかりやすく理解できるように工夫してあります。まんがを楽しく読みながら、中学受験生の多くが苦手とする「力」と「電気」がスイスイわかるようになります。基本的な内容を中心に取り上げているので、中学入試の入門書として最適です。

また、重要なポイントは、特に目立つようにしているので、効率よく学習することができます。

重要のマークがついているところは要チェック！大事なことばや内容が書いてあるから注意して読んでネ。

★重要ポイントをチェックして、入試問題で実力をつけよう！

まんがのあとには、各項目ごとに「重要ポイントのまとめ」のページと、おもにまんがの中に出てきた問題のくわしい解説「基本例題で確認」がのっています。しっかり確認しておきましょう。内容がわかったら、「入試問題に挑戦！！」で、実際に入試で出題された問題にチャレンジして、力をつけましょう。

章末の「ハイレベル総合問題」は、難関校で出題された、とても難しい問題です。難関校をめざす人は、ぜひ挑戦してみましょう。

★らん外情報も見ておくとお得！

らん外には、くわしい情報やミニ知識、一問一答の問題がのっています。これらも見のがさずに読んでおくと、理解が深まります。

★登場人物

海野ハルカ
彩園子小学校６年生。明るく元気で負けずぎらい。特技は料理と空手。

魚住ユウト
ハルカの幼なじみでクラスメイト。のんびり屋だがスポーツは万能！理科は大の苦手…。

第 1 章 ▶▶▶ 力と運動

1	てこの利用	8
2	てこのつり合い	16
3	輪じくのはたらき	28
4	かっ車のはたらき	34
5	ばねの性質	44
6	つないだばね	52
7	浮力のはたらき	62
8	浮力のつり合い	68
9	ふりこの性質	78
10	おもりの動きとしょうとつ	86

ガチャ
わたしを探していると聞いたが…
あ、あなたは！学校改革の鬼と呼ばれる豪徳寺氏！
よくいらっしゃいました！どうぞおかけ下さい。
ガタ!!
校長
うむ。
優秀な生徒が多いと評判なわが校だったのですが…このところ理科の成績がひどく落ちこんでしまって…
特にひどいのがこの２人なんです。
ハルカ
ユウト
ほう？
何をやってもわからない！覚えられない！クラスの人気者だけに、えいきょうも大きくて…なんとかなりませんでしょうかあーっ!!
うむ
わたしにできないことはない。さっそく特別授業を開始しよう。

なんでオレたち呼ばれたんだ？

またもんく言われるのよ。ちゃんと勉強しろって。

ただの勉強ではない。特別授業だ。

えっ!? だれ？

これからきみたちには専門の先生がつき、理科の特訓が始まる。

え〜っ！

聞いてないよ!!

問答無用。さっそく1時間目だ。先生をしょうかいする。

ハ〜イ ジャッキー先生ヨン。

1時間目は「てこの利用」についての授業ヨン。

せ…先生？手品師のまちがいじゃ…

てこ〜？ なんだっけ？ それ…

第1章 力と運動

1 てこの利用

1 てこの利用

第1章　力と運動

てこは単純な道具でも大きな力を発揮することができるのヨン。

それって、スプーン曲げと関係あり？

てこの応用なのネ。小指をここにそえると、スプーンの首に大きな力がはたらくのネン。

重要

力を加えるところは**力点**ヨン。

力点

作用点　支点

力がはたらくところが**作用点**。

ぼうを**支える**この小石のところは**支点**。

ぼうと石か～。オレたち現代人だし～、なんかカンケーナイってカンジィ～？

スプーンの場合はこう!!
←力点
支点
←作用点

くわしく　てこはふつう、十分に強いぼうを使っているが、スプーン曲げでは、てこのはたらきを利用して、図の支点の部分に大きな力をかけ、スプーンを曲げてしまう。

1 てこの利用

問題　てこを使って、小さな力でより大きな力をはたらかせるためには、てこの３点の位置をどのようにすればいいですか。

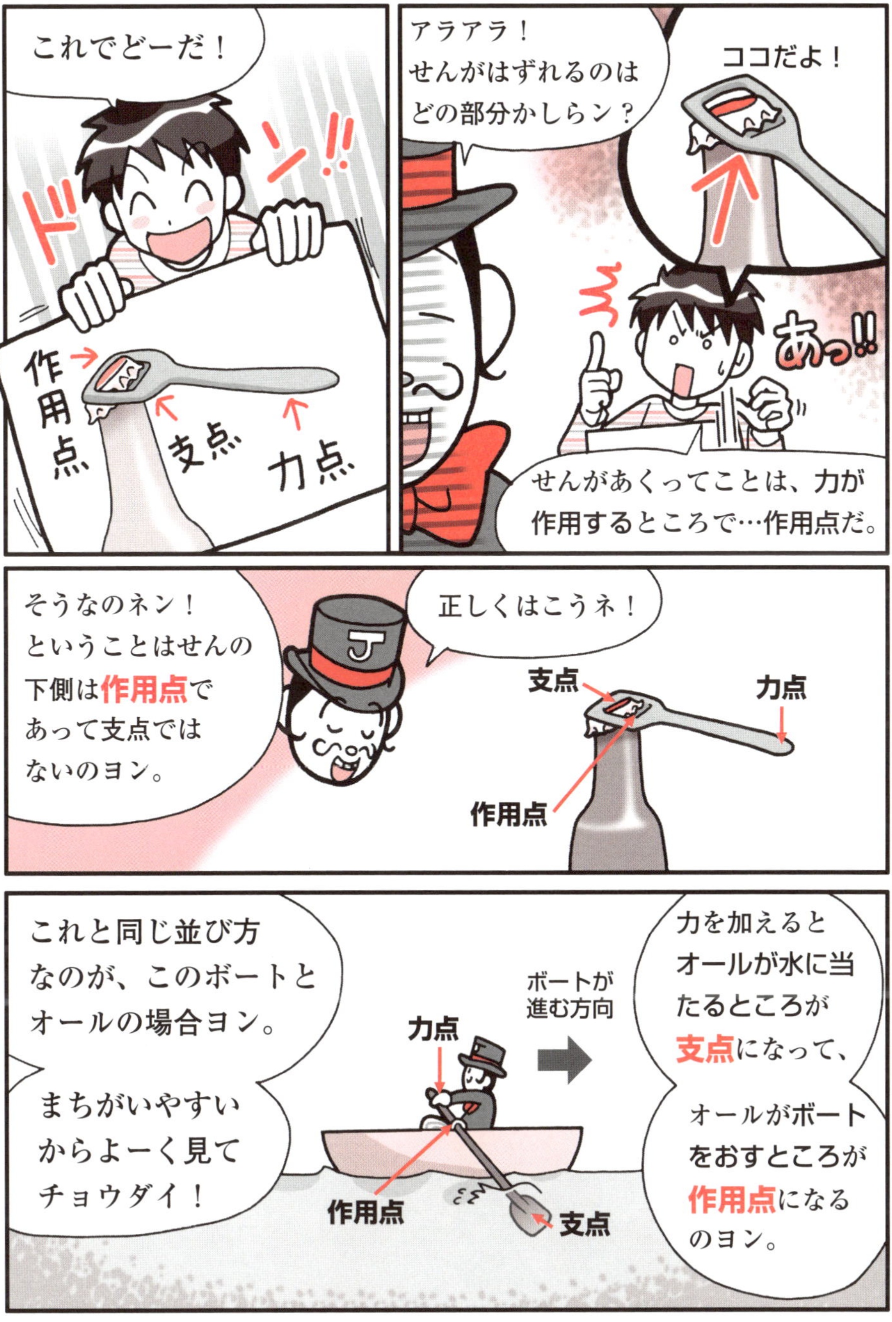

答え　作用点と支点の間を、支点と力点の間よりせまくする。

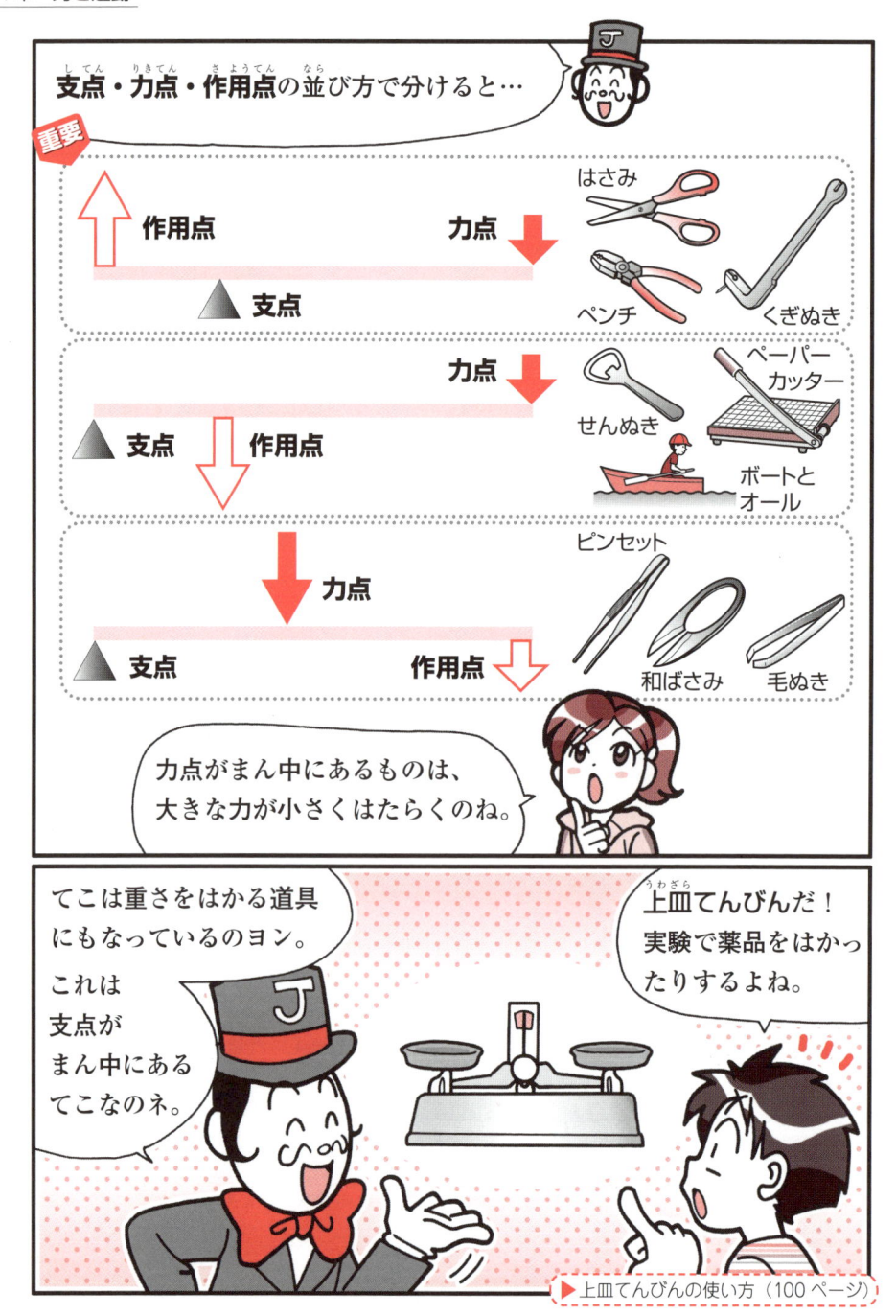

第1章 力と運動

支点・力点・作用点の並び方で分けると…

重要

作用点 ↑　　力点 ↓
　　　▲ 支点

はさみ、ペンチ、くぎぬき

力点 ↓
▲ 支点　作用点 ↓

せんぬき、ペーパーカッター、ボートとオール

力点 ↓
▲ 支点　　　　作用点 ↓

ピンセット、和ばさみ、毛ぬき

> 力点がまん中にあるものは、大きな力が小さくはたらくのね。

> てこは重さをはかる道具にもなっているのヨン。
> これは支点がまん中にあるてこなのネ。

> 上皿てんびんだ！実験で薬品をはかったりするよね。

▶ 上皿てんびんの使い方（100ページ）

問題 次の道具のうち、支点、力点、作用点の位置が、ピンセットと同じものはどれですか。
〔ペンチ、くぎぬき、せんぬき、和ばさみ〕

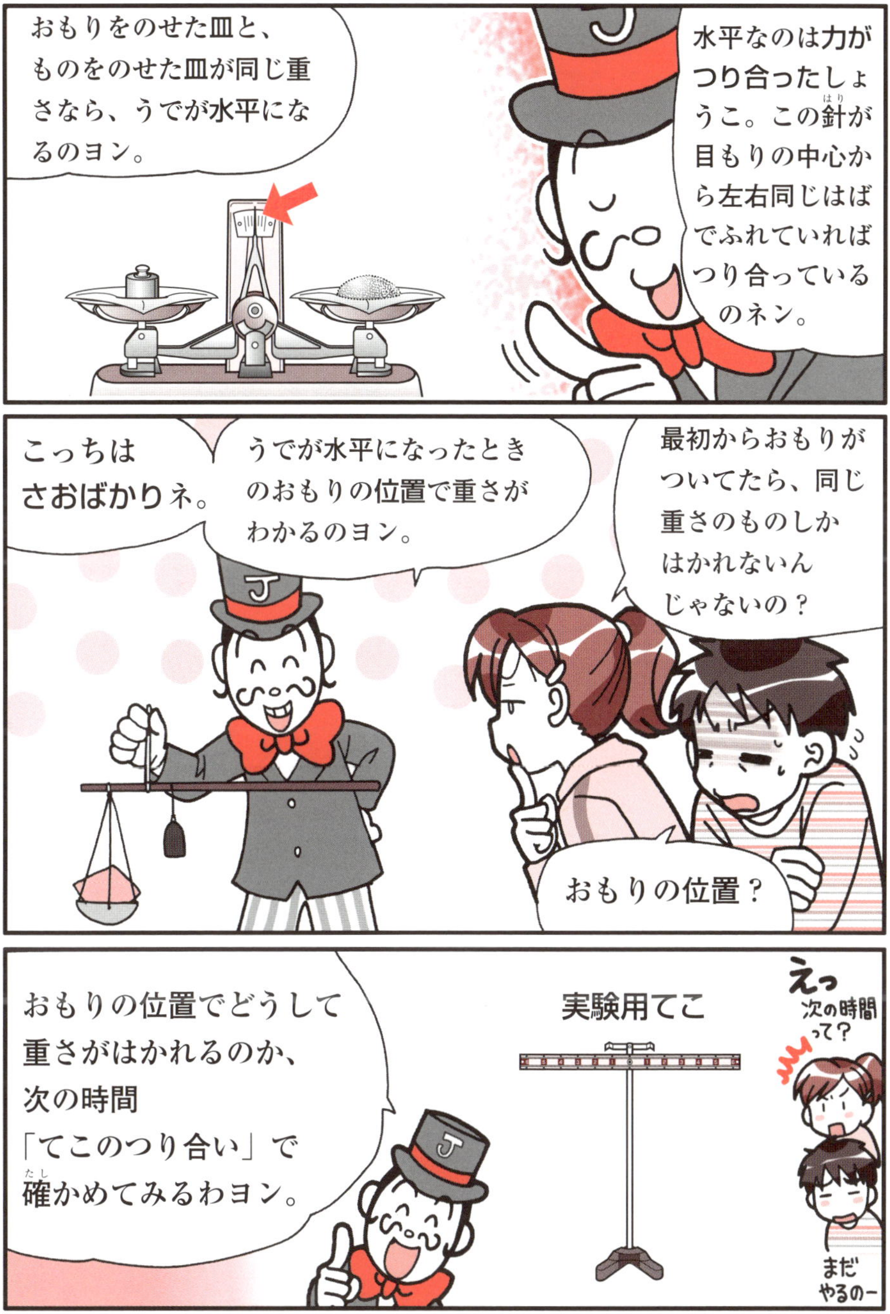
おもりをのせた皿と、ものをのせた皿が同じ重さなら、うでが水平になるのヨン。
水平なのは力がつり合ったしょうこ。この針が目もりの中心から左右同じはばでふれていればつり合っているのネン。
こっちはさおばかりネ。
うでが水平になったときのおもりの位置で重さがわかるのヨン。
最初からおもりがついてたら、同じ重さのものしかはかれないんじゃないの？
おもりの位置？
おもりの位置でどうして重さがはかれるのか、次の時間「てこのつり合い」で確かめてみるわヨン。
実験用てこ
えっ
次の時間って？
まだやるのー

答え　和ばさみ

2 てこのつり合い

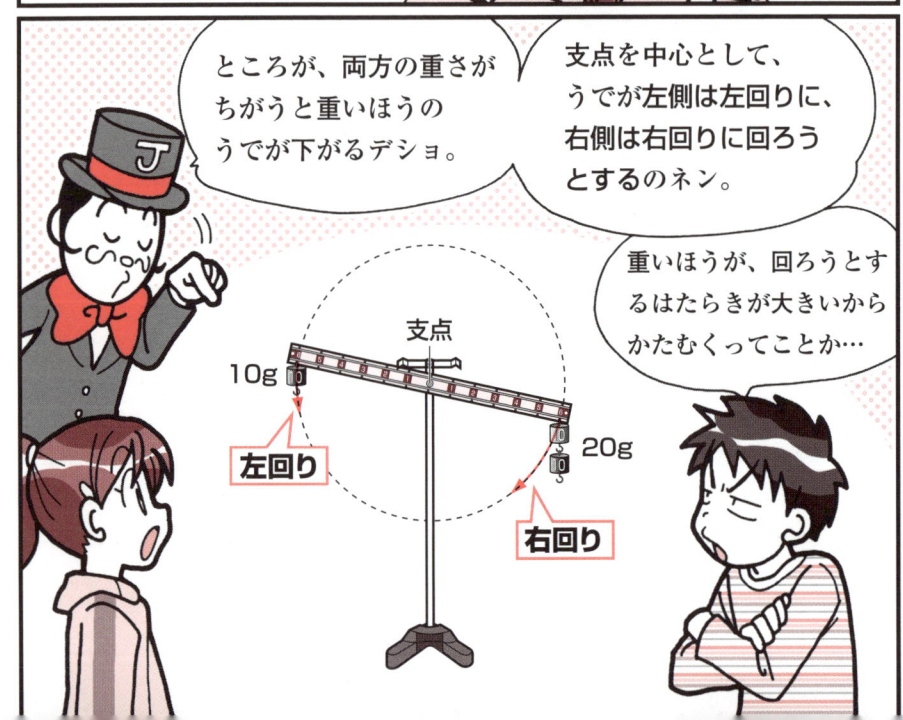

さあ、実験開始！ このてこはまん中に支点があって、支点からのきょりの目もりが入っているのヨン。

支点

同じ重さのおもりは、支点からのきょりが同じならどこでもつり合うネ。

うん。うでが水平だ。

ところが、両方の重さがちがうと重いほうのうでが下がるデショ。

支点を中心として、うでが左側は左回りに、右側は右回りに回ろうとするのネン。

重いほうが、回ろうとするはたらきが大きいからかたむくってことか…

支点
10g
左回り
20g
右回り

2 てこのつり合い

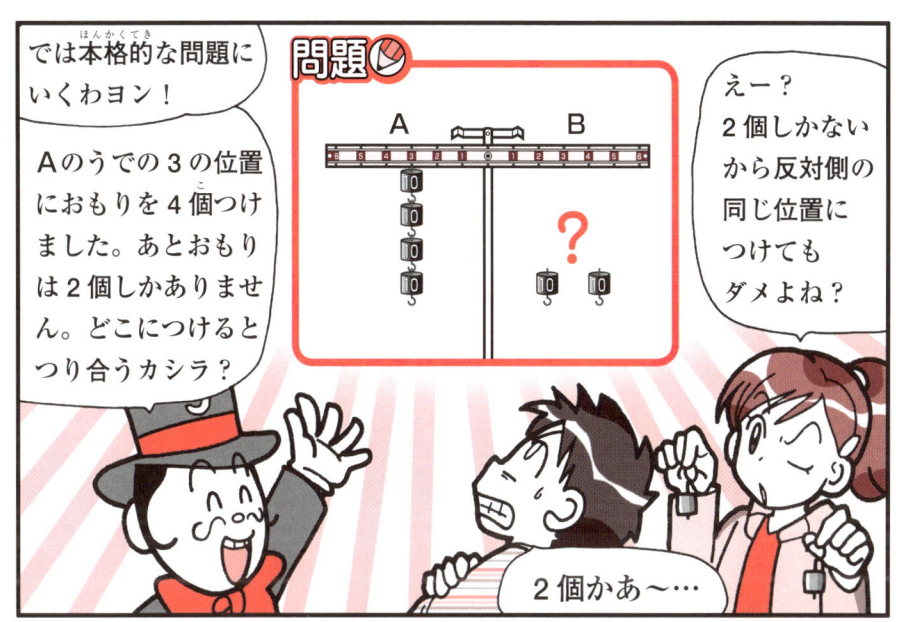

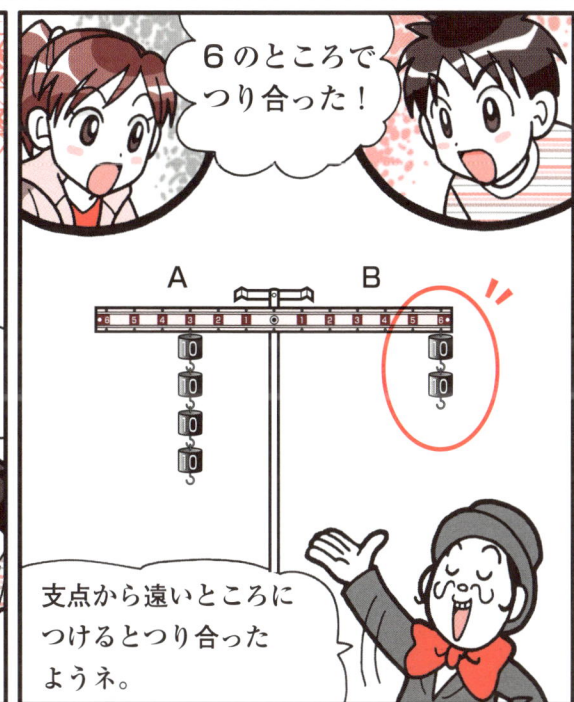

第1章 力と運動

じゃ、6個のおもりを使ってつり合う場所をいろいろ試してみてネ。

なんかいろいろできちゃった！

はい！支点からのきょりとおもりの重さを表にしたワヨン。

ここから何かきまりが見えてこないかしら？

	支点からのきょり と おもりの重さ			
	A	B		
ア	4cm・20g	2cm・40g		
イ	5cm・30g	3cm・10g	6cm・20g	
ウ	2cm・30g	1cm・10g	2cm・10g	3cm・10g

問題 てこには3つの点があります。支える点、力を加える点、力をおよぼす点のそれぞれを、何点といいますか。〈太成中〉

2　てこのつり合い

なんか、**ア**は両側の数字が似てるよな…。かけ算すると、答えが同じになるし…

イの場合は、Aのうでが30×5で150、Bが10×3で30、あと20×6で120だからたすと…150だ!!

ホントだ！じゃあ、おもりをバラバラに置いたところはどうなってる？

30×5
=**150**

10×3
=30

20×6
=120

30+120=**150**

ノホホ、気がついちゃった？こんなきまりがあるのネ。

「おもりの重さ×目もり」の和が支点の両側で等しいとき、てこはつり合うのヨン。

オレたちすごっ!!

重要

★ **てこのつり合いのきまり**
Aのうでの【おもりの重さ×支点からのきょり】の合計
＝Bのうでの【おもりの重さ×支点からのきょり】の合計

これを式にするとこう。しっかり覚えておいてネン！

うーむ！

答え 支点、力点、作用点

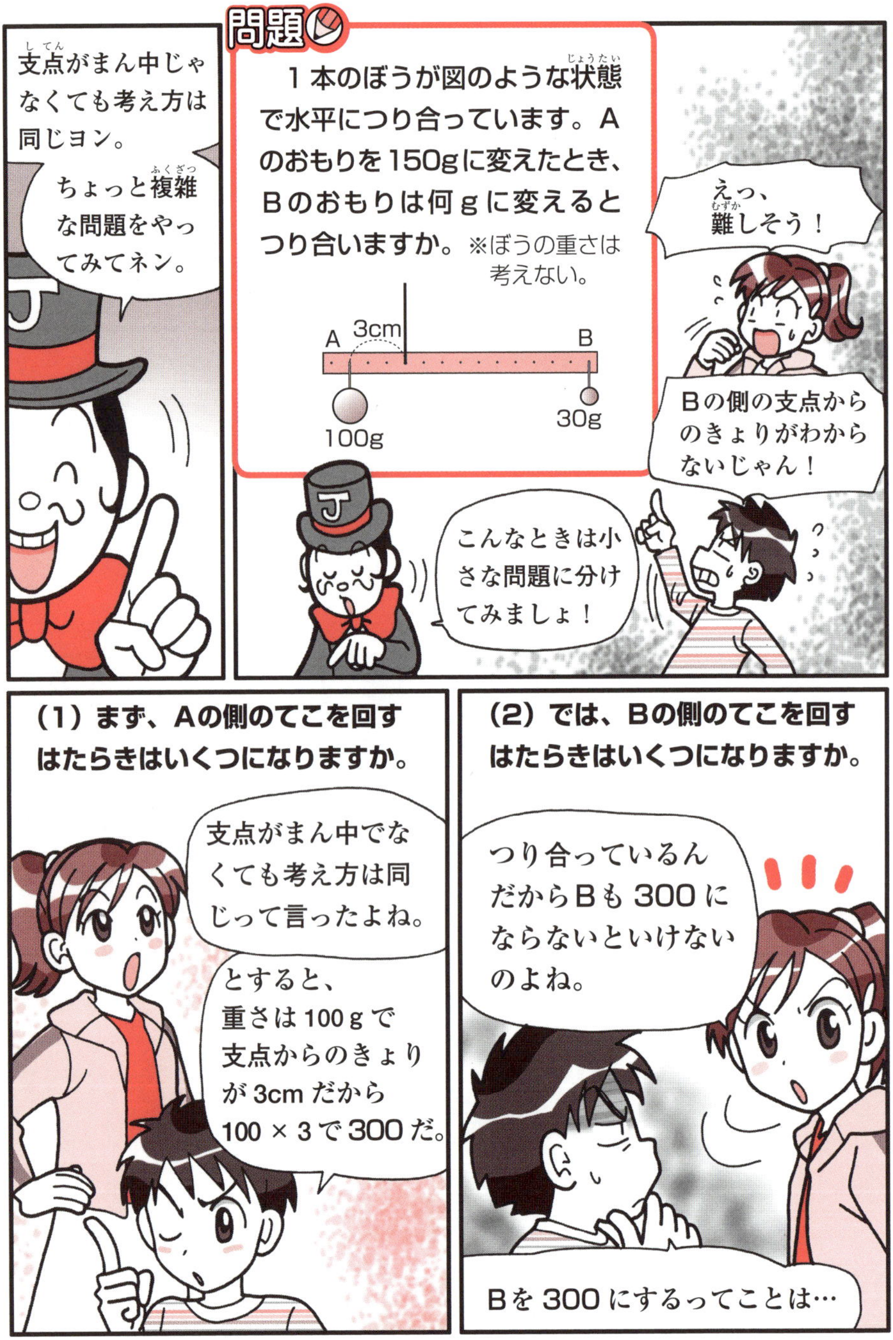

くわしく 太さ、重さがぼうのどこでも同じてこでは、重心（ものの重さが集まってかかると考えられる点）はぼうの中心にある。

2 てこのつり合い

(3) Bの支点からのきょりはいくつになりますか。

あっそうか！
30 × 支点からのきょり = 300
ってことか。じゃあ…
300 ÷ 30 = 10
10cm が支点からのきょりだ！

A 3cm　　10cm　B
100g　　　　　30g

(4) では、Aが150gになったときのAの側のてこを回すはたらきはいくつになりますか。

A 3cm　　10cm　B
150g　　　　　？

重さ×支点からの
きょりで
150 × 3 = 450 ！

150×3

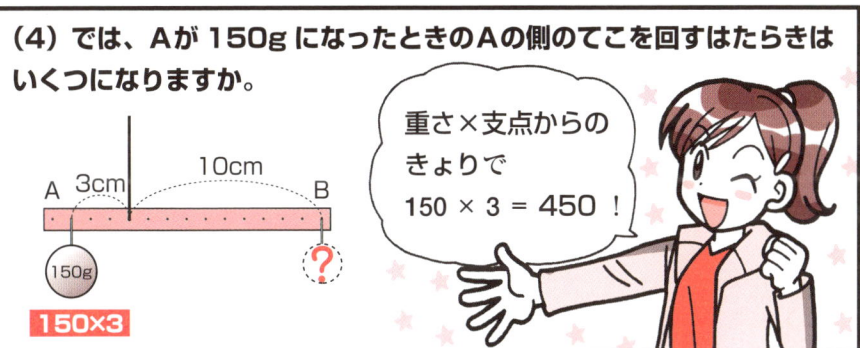

(5) それでは、Bのおもりを何gにするとつり合いますか。

えーと、Bの側も積が
450になればいいんだ
から…

きょりが10cm
だから
450 ÷ 10 = 45
Bのおもりは **45g** ！

その通り！ 問題が複雑になってもわかるところから順番に進めていくことネ。
図をかいたりして解いていくといいのヨン。

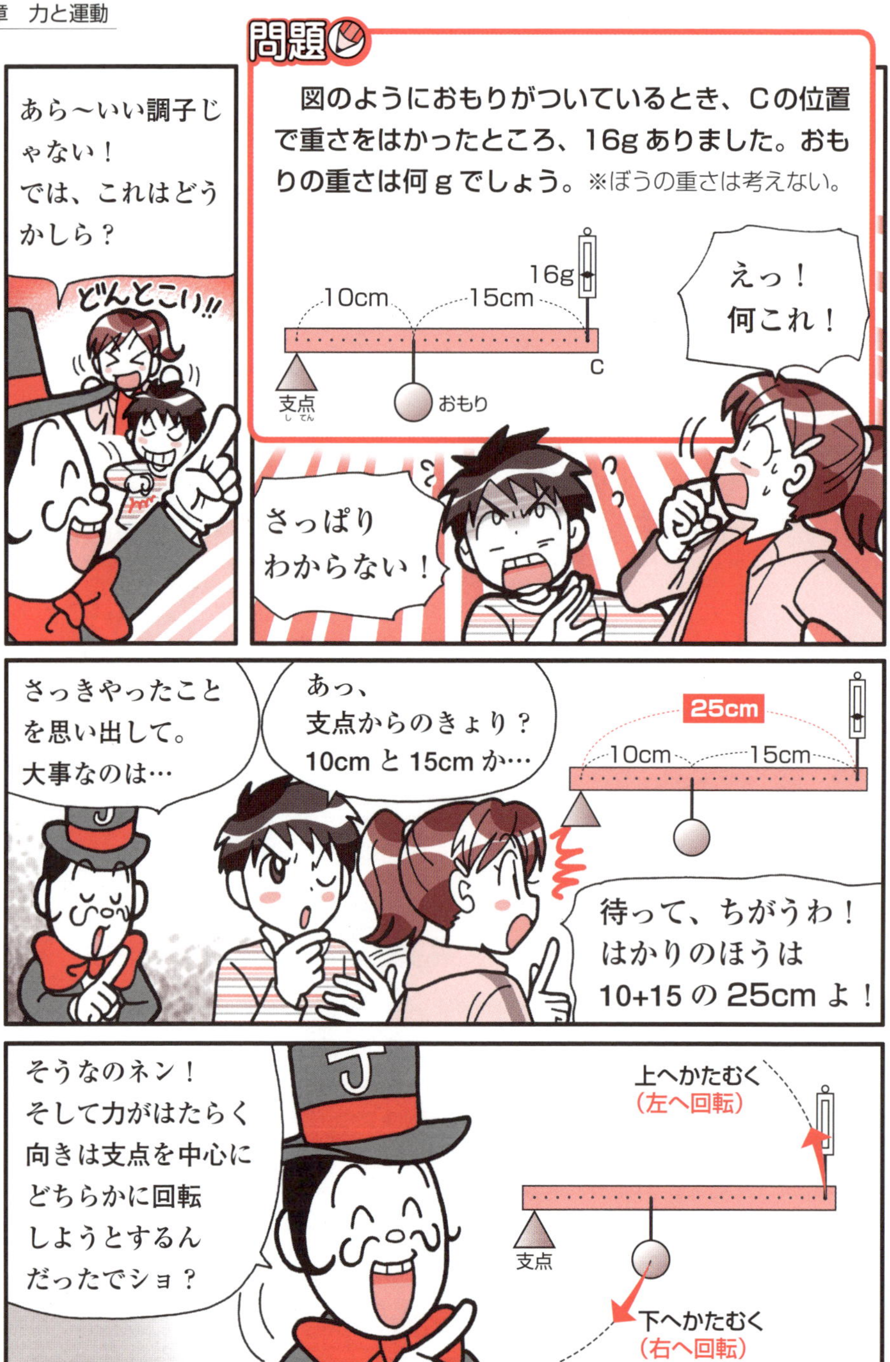

くわしく　曲がったぼうでもてこのはたらきをする。ただし、支点からのきょりは、力の向きに対して垂直（すいちょく）にはかることに注意する。

つまり、はかりを支点の反対側にたおしたときと同じことなのネン。
支点が間に入るとこうなるのネ。
パタン
B
A
25cm
10cm
15cm
16g
右へ回転
左へ回転
あ！　さっきと同じだ！おもりの重さ× 10cm と 16g × 25cm がつり合ってるってこと？
そうなのネ！式にすると…
A側のおもりの重さ×支点からのきょり
＝B側のばねが引く力×支点からのきょり
おもり × 10 ＝ 16 × 25
＝ 400
だからおもりの重さは
400 ÷ 10 ＝ 40
40g だ！
おーっできるじゃん!!
パチパチ
ふふ、いつの間にかこちらのペースにはまったようだ。
さて、次はどうかな…
ひゃっほう!!

重要ポイントのまとめ ▶▶▶ てこの利用とつり合い

1 てことは
- **てこ**…小さな力を大きな力のはたらきに変えたり、大きな力を小さな力のはたらきに変えるしくみや装置(そうち)。

基本 ● **てこの3点**
- **支点(してん)**…てこ全体を支(さ)える点。
- **力点(りきてん)**…力を加えている点。
- **作用点(さようてん)**…てこのはたらきがはたらく点。

2 てこのつり合い
- てこを支点のまわりに回そうとするはたらきがつり合って、全体が止まっている状態(じょうたい)を、**つり合っている**という。

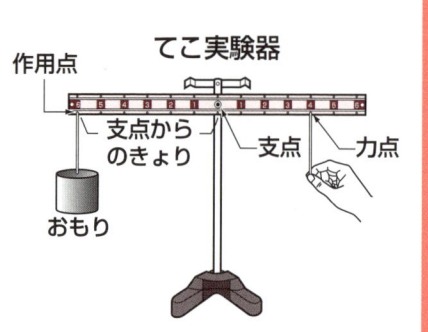

重要 ● **つり合う条件(じょうけん)**

[力点にはたらく力(重さ)] × [支点から力点までのきょり]
= [作用点にはたらく力(重さ)] × [支点から作用点までのきょり]

入試に役立つ 重さのあるてこ

てこのぼうに重さがある場合、ぼうの重さなどがわかっていなくても、つり合いのようすからぼうを支点のまわりに回すはたらきだけわかる場合がある。

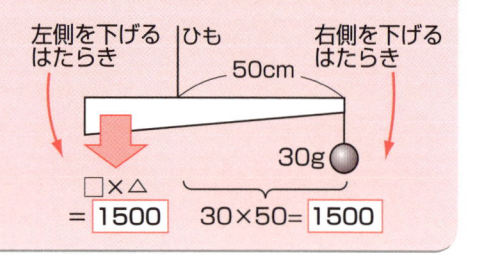

□×△ = 1500   30×50 = 1500

まんがのおさらい ▶▶▶ 基本例題で確認

第1章　力と運動

> 右の図のように、ぼうのO点をひもでつるし、O点から左に40cmのところに60gのおもりAを、O点から右に30cmのところに80gのおもりBをつるしたら、ぼうは水平になってつり合いました。
>
> おもりAを150gの重さのおもりCととりかえるとき、おもりBを何gのおもりDととりかえるとつり合いますか。

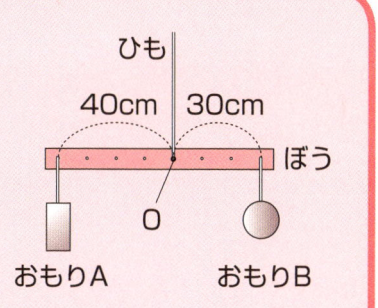

解き方 ▶▶▶

① O点が支点となっているてこのつり合いです。
② おもりAの重さは、ぼうの左側を下げようとする向き、つまり、ぼうを**左回り（反時計回り）**に回そうとするはたらきをします。
③ おもりBの重さは、ぼうの右側を下げようとする向き、つまり、ぼうを**右回り（時計回り）**に回そうとするはたらきをします。
④ おもりAとおもりBのはたらきの大きさは、次の式でそれぞれ表されます。**この値が等しい**とき、ぼうはつり合います。
　おもりA；60〔g〕× 40〔cm〕= 2400
　おもりB；80〔g〕× 30〔cm〕= 2400
⑤ おもりAを150gのおもりCにかえてつり合うときも、④のようにおもりのはたらきをそれぞれ計算すると、**等しく**なっています。
　150〔g〕× 40〔cm〕=〔おもりDの重さ〕× 30〔cm〕
　したがって、〔おもりDの重さ〕= 6000 ÷ 30 = 200〔g〕。

答え 200 g

入試問題に挑戦!! てこの利用とつり合い

1 てこの利用

てこには、支点・力点・作用点があります。図に示した(ア)〜(カ)は、すべててこを利用した道具です。3点が左から並ぶ順に、次の①〜③に分けると、それぞれどれにあてはまりますか。記号で答えなさい。

〈比叡山中改題〉

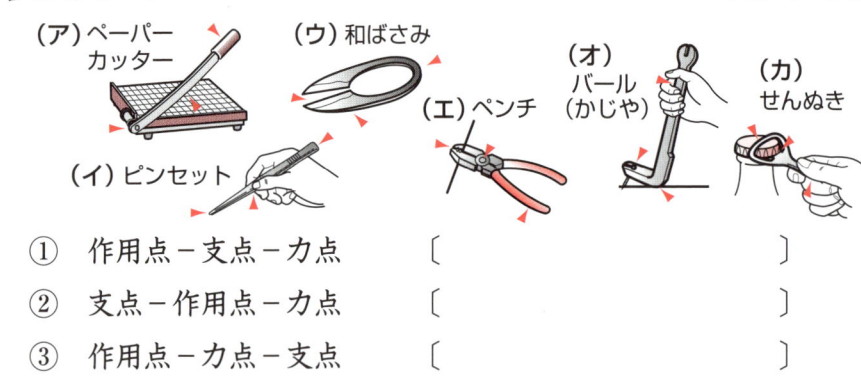

(ア) ペーパーカッター
(イ) ピンセット
(ウ) 和ばさみ
(エ) ペンチ
(オ) バール(かじや)
(カ) せんぬき

① 作用点－支点－力点　〔　　　　　〕
② 支点－作用点－力点　〔　　　　　〕
③ 作用点－力点－支点　〔　　　　　〕

2 てこのつり合い

重さの無視できる長さ100cmのぼうを使って、図のようなさおばかりを作りました。皿の重さは50gで、図の位置におもりAをつるすと水平につり合いました。

〈帝塚山中改題〉

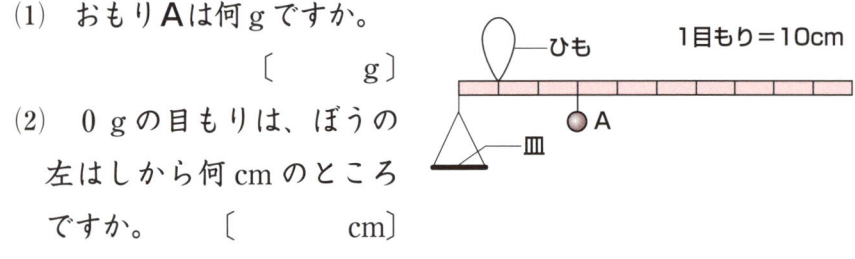

(1) おもりAは何gですか。　〔　　　　g〕

(2) 0gの目もりは、ぼうの左はしから何cmのところですか。　〔　　　　cm〕

1目もり＝10cm

(3) ぼうの右はしにもおもりをつるせるとすると、最大で何gまでの重さをはかることができますか。　〔　　　　g〕

第1章 力と運動

答えと解説…155ページ

3 重さのあるてこのつり合い

　図1のように、バットのP点をひもでつるし、A点に30gのおもりをつるすと、バットは水平になってつり合いました。あとの問いに答えなさい。ただし、ひもやくくりつける器具の重さは考えないものとします。

〈福山暁の星女子中改題〉

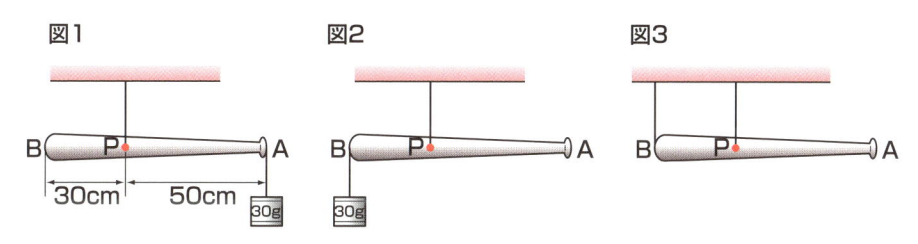

図1　　　図2　　　図3

B──P──A　B──P──A　B──P──A
30cm 50cm 30g　30g

(1) 図1のとき、P点から左に10cmのところに10gのおもりをつるし、P点から右に10cmのところにも10gのおもりをつるしました。バットのかたむきはどうなりますか。次のア～ウから選び、記号で答えなさい。　〔　　　〕

　ア．左にかたむく　　イ．右にかたむく　　ウ．水平なまま

(2) 図1から図2のようにおもりをB点に移したとき、A点に何gのおもりをつるすとつり合いますか。　〔　　　g〕

(3) 図3のように、おもりをはずし、B点をひもでつるしてバットを水平にしました。B点のひもにかかる力は何gですか。

〔　　　g〕

ヒント!!

3 (1)てこ（ぼう）を回すはたらきは、それぞれ独立。→水平につり合っている場合、てこの重さのはたらきは取り除いて考えればよい。
(2)バットの重さのはたらきとB点の30gのはたらきの合計を考える。

3 輪じくのはたらき

問題　輪じくの原理が使われている身近な道具を1つ答えなさい。

3 輪じくのはたらき

答え えんぴつけずり、水道のじゃ口、ドライバー、ドアのノブ、ハンドル、きりなど。

第1章 力と運動

ノホホ！ 実は今日の授業の「輪じく」に関係があるのヨン。

なんだやっぱり授業かー

りんじく？ 何それ？

半径の大きさのちがう輪を同じ中心で組み合わせた道具を**輪じく**というのネン。

外側の大きい円を「**輪**」、内側の小さい円を「**じく**」とよぶのヨン。

[じく] [輪]

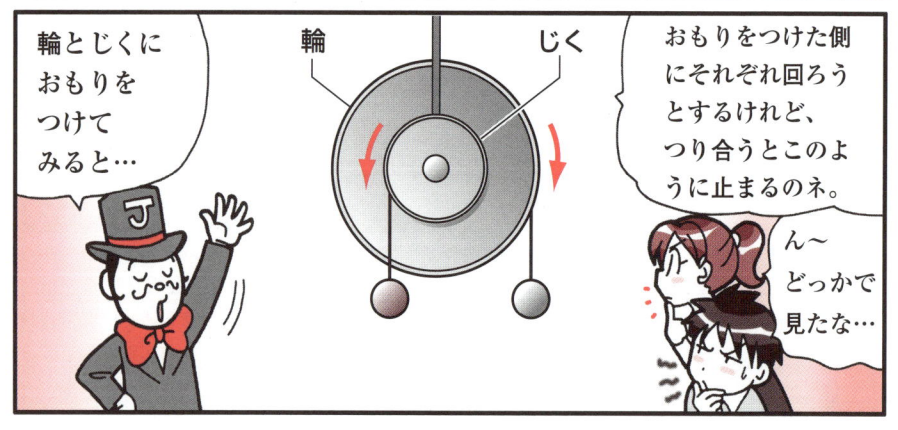

輪とじくにおもりをつけてみると…

輪　じく

おもりをつけた側にそれぞれ回ろうとするけれど、つり合うとこのように止まるのネ。

ん〜どっかで見たな…

問題 輪じくをてこに見立てたとき、輪じくの中心は、てこのどの部分にあたりますか。

3 輪じくのはたらき

これって…てこみたいじゃない？

ノホホ！そのとおり！

円の中心が支点のてこと考えればいいのヨン。

てこでは、支点からはなれるほど、小さな力で大きな力がはたらいたんだよね。

うむむ先をこされた…

そうヨン。輪じくの場合は「支点からのきょり」は**じくと輪の半径**なのヨン。

じくの半径　3cm　9cm　輪の半径

じくにかかる力　支点　輪にかかる力

★**輪じくのつり合い**　重要
じくにかかる力×じくの半径
＝輪にかかる力×輪の半径

たとえば、この図の輪じくでは、輪には何gつければつり合うカシラ？

問題

3cm　9cm

60g　？

答え　支点

第1章　力と運動

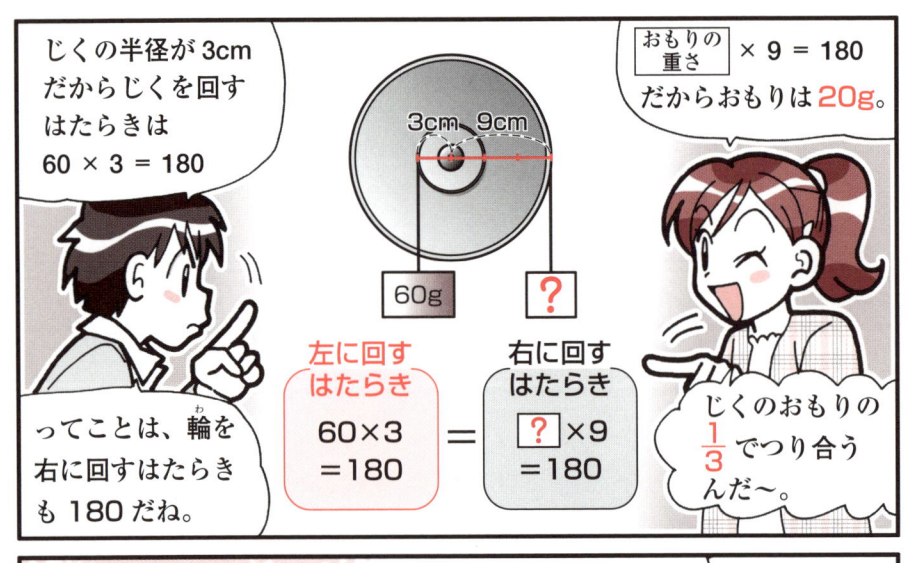

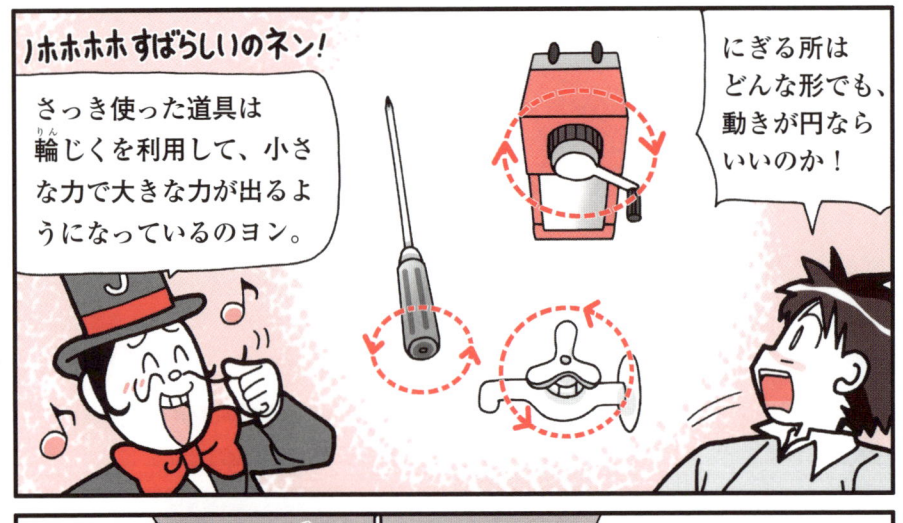

3 輪じくのはたらき

あらら気がついちゃった?

半径の大きい輪は円周も大きいでショ?

じくと同じ角度だけ回っても、輪のほうがたくさんひもが動くのネ。

引く力は小さくても、長いきょりを引っぱることになるのヨン。

輪の半径　じくの半径

じくのひもの動き

輪のひもの動き

★輪じくの半径とひもの動き
　じくの半径：輪の半径
　＝じくのひもの動き：輪のひもの動き

力で得するけど、きょりで損する感じね…

じゃ、今日はここまで…ってアラッ!?

ノブがないのネ

アラララ！これ使いますぅ〜？

くわしく　ひもを引く力が $\frac{1}{2}$、$\frac{1}{3}$、…になると、ひもを引く長さは、じくのおもりを上げるきょりの2倍、3倍、…になる。

第1章　力と運動

4 かっ車のはたらき

なんだこれ？

きのうの輪じくかしら？

これはかっ車なのネ。

かっしゃ？

クレーン車の部品ヨン。

よいしょ

えっ クレーン車？

ジャッキーさんがつくったの？

ジャン！

なぁんだ…

模型か。

小さーい。

あー本物持ってきましょうか？教室にはいらないけどネン

問題 ものを持ち上げる力を半分にすることができるのは、定かっ車、動かっ車のどちらですか。

4 かっ車のはたらき

第1章　力と運動

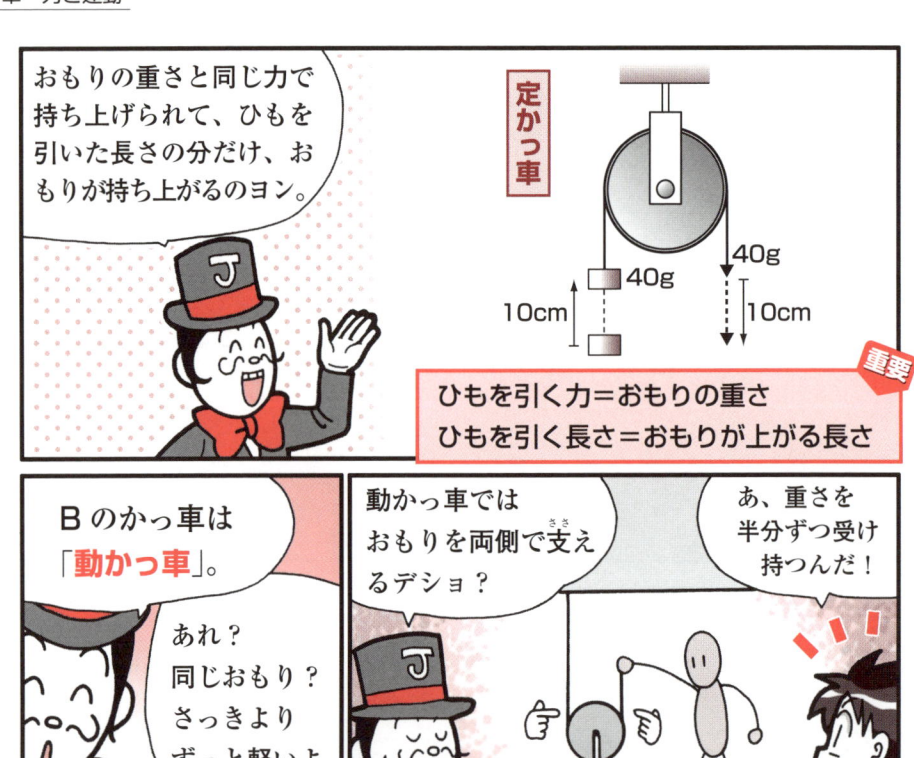

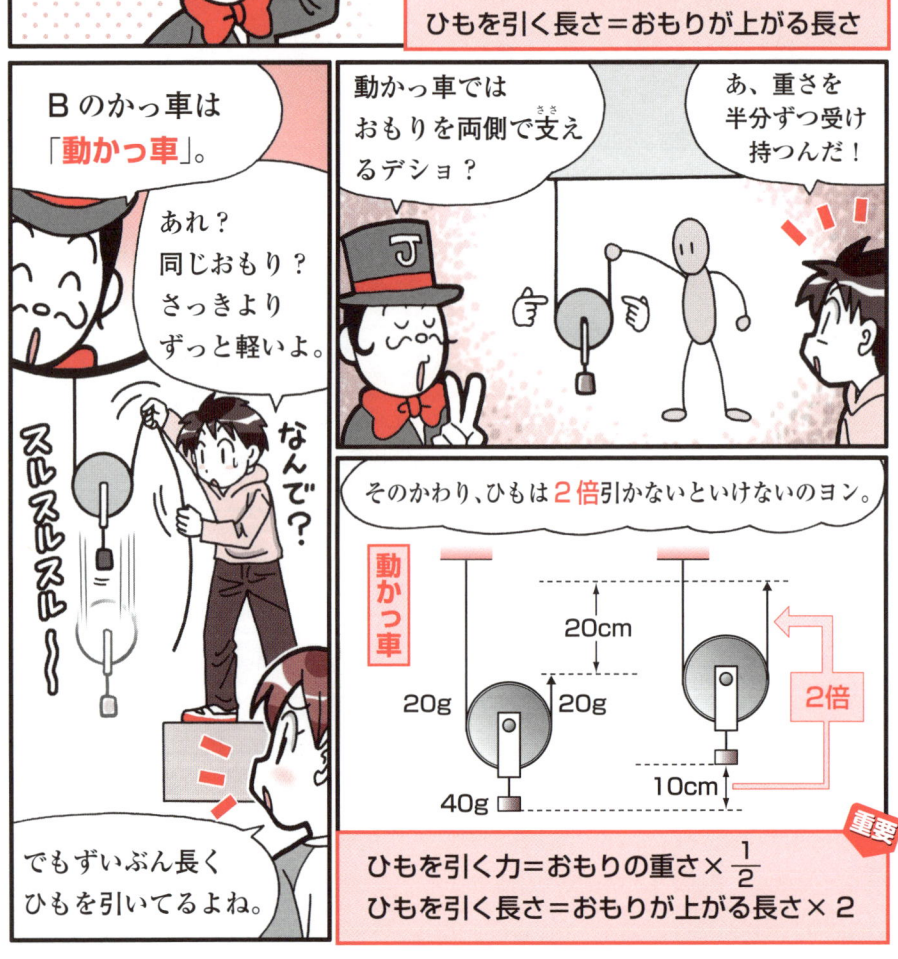

おもりの重さと同じ力で持ち上げられて、ひもを引いた長さの分だけ、おもりが持ち上がるのヨン。

定かっ車

40g　40g
10cm　10cm

重要
ひもを引く力＝おもりの重さ
ひもを引く長さ＝おもりが上がる長さ

Bのかっ車は「**動かっ車**」。

あれ？同じおもり？さっきよりずっと軽いよ。

動かっ車ではおもりを両側で支えるデショ？

あ、重さを半分ずつ受け持つんだ！

スルスルスル〜

なんで？

でもずいぶん長くひもを引いてるよね。

そのかわり、ひもは**2倍**引かないといけないのヨン。

動かっ車

20cm
20g　20g
40g　10cm

2倍

重要
ひもを引く力＝おもりの重さ×$\frac{1}{2}$
ひもを引く長さ＝おもりが上がる長さ×2

問題　動かっ車をてこに見立てたとき、おもりをつるしているかっ車の中心は、てこのどの部分にあたりますか。

4 かっ車のはたらき

このクレーンは2つのかっ車をうま〜く組み合わせているのヨン。

定かっ車 力の方向を変える。

動かっ車 引く力を $\frac{1}{2}$ にする。

あー やっと理解。

問題

というわけで問題ネン！

魔の都市に迷いこんだユウトくんは宙づりになったかごに乗っている。

なんとか1m上の岩だなにたどりつきたい。つかんでいるロープを何kg以上の力で、何m引けばよいでしょうか？

※ユウトは体重33kgとする。かごやかっ車の重さは考えない。

こんな場面なのネン。

あわわわ 助けて〜
まー大変
ガー

横から見た図

答え 作用点 （作用点・支点・力点）

第1章　力と運動

自分を持ち上げる〜!?

ヒントなのネ！　こんなふうにかっ車を使って自分自身を持ち上げるとき、
ひもを引く力の大きさ＝体重÷分かれているひもの数
という決まりがあるのネン。

ユウトくんの体重を支えている1本のロープは3つに分かれているのネン。

…ってことは、1つのひもには
33 ÷ 3 = **11kg**
かかっているのね。

1　2　3
11kg　11kg　11kg

33kg

ユウト！　11kgならだいじょうぶよね！

わかった。11kg以上の力で1m引けば助かるんだな！

がんばれオレ！

ぐいっ

いーえ。1mじゃだめなのネ。

ええ!?

動かっ車の性質を忘れちゃったかしらン？

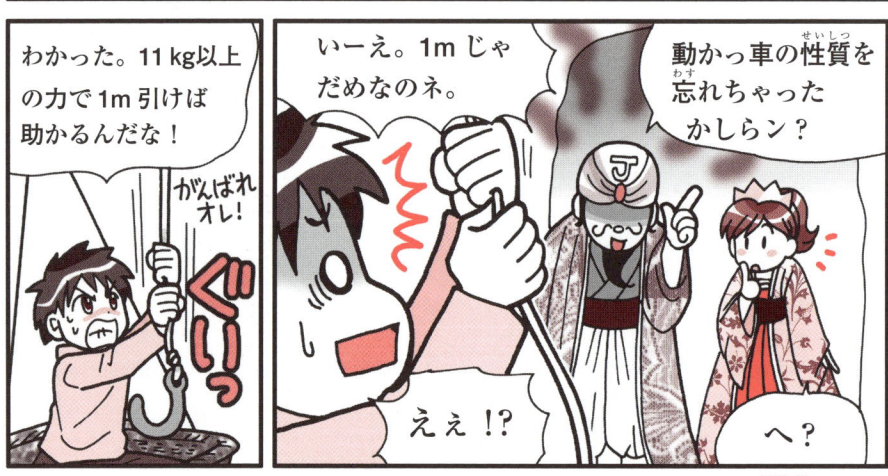

へ？

くわしく　右の図のように**他の人が持ち上げる**場合は、2つに分かれたひもでおもりを支えているので、引く力は $\frac{1}{2}$ になる。

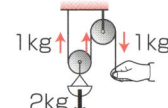

1kg　1kg
2kg

引く力が$\frac{1}{2}$になれば、引く長さは２倍になったでショ？
あっ、引く力が$\frac{1}{3}$だから、長さは３倍ね！
重要
1m × 3 = 3m
引けばよい。
3m も！？
ううっ…
しかたない！
がんばって〜！
ぐい
ぐい
ガー
ううっ
ツラ〜
ブルブル
もううでがいたくて…力が…
わ——
ばしゃ
だめだあ〜
引けないーっ！
…って、助かるストーリーじゃないのかー！？
ざばッ!!
体力の計算までしてなかったのネ。
ユウト体力なーい

重要ポイントのまとめ ▶▶▶ 輪じくとかっ車

1 輪じくとは

● **輪じく**…大きな輪と小さな輪を中心をそろえて合体させたもの。

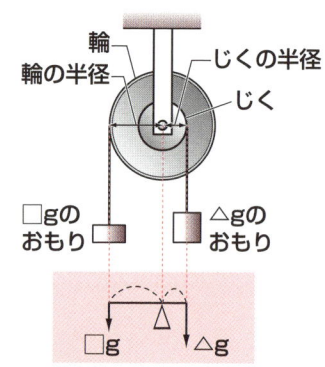

【基本】● **輪じくのつり合い**

輪につるしたおもりの重さを□g、じくにつるしたおもりの重さを△gとすると、

□×［輪の半径］＝△×［じくの半径］

→輪じくは"**てこの一種**"と考えることができる。

2 かっ車

● **定かっ車**…力の大きさは変えない。**力の向き**を変える。

● **動かっ車**…力の大きさを変える。力の向きは変えない。

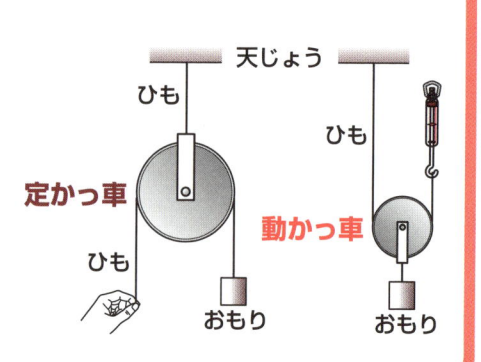

入試に役立つ　動かっ車のひもを引くきょり

かっ車の動くきょりの2倍引く！

【考え方】おもりを1m引き上げるとき、2人で引く場合（図1）は1m引けばよいが、図2のように1人分を天じょうに引っぱらせると考えると、天じょうは支えるだけで引けないので、手で**2人分のきょりを引く**ことになる。

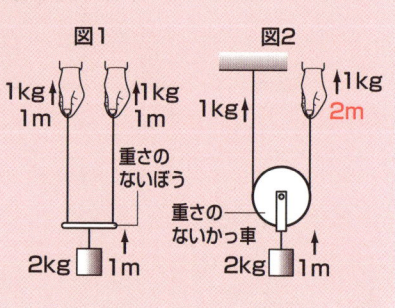

第1章 力と運動

まんがのおさらい ▶▶▶
基本例題で確認

> 右の図のような輪じくのじくに60gのおもりをつるし、輪のほうにもある重さのおもりをつるしたところつり合いました。輪につるしたおもりの重さは何gですか。ただし、輪とじくの半径は、それぞれ9cm、3cmであるとします。

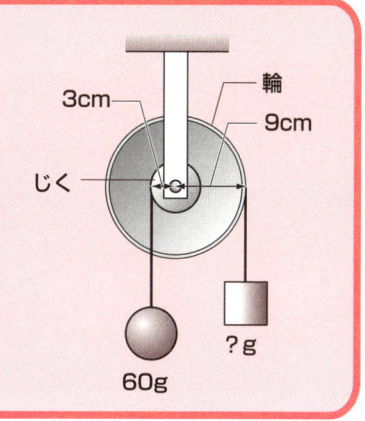

解き方 ▶▶▶

① 輪じくを、右の図のような、**輪じくの中心を支点とする"てこ"**とみなします。

② じくにつるした60gのおもりの位置は、支点から左に **3cm** のところです。

③ 輪につるしたおもりの位置は、支点から右に **9cm** のところです。

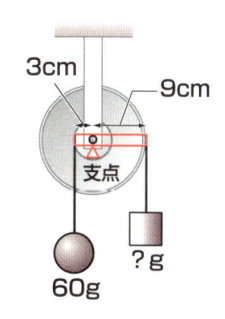

④ つり合っているとき、てこを回すはたらきの大きさは**左右で等しい**ので、輪につるしたおもりの重さを□gとすると、

[左に回すはたらき] ＝ [右に回すはたらき]

60 × 3 ＝ □ × 9、□ ＝ 180 ÷ 9 ＝ 20〔g〕

⑤ **輪じくのつり合いの式**を使って計算することもできます。

[じくのおもり] × [じくの半径] ＝ [輪のおもり] × [輪の半径]

じくの半径は3cm、輪の半径は9cmなので、

60 × 3 ＝ □ × 9、□ ＝ 180 ÷ 9 ＝ 20〔g〕

答え 20 g

入試問題に挑戦!! 輪じくとかっ車

1 輪じくのつり合い

輪じくについて、あとの問いに答えなさい。ただし、輪じくの重さは考えません。また、輪じくの横に書いてある数字は輪じくの半径を表しています。

〈埼玉栄中改題〉

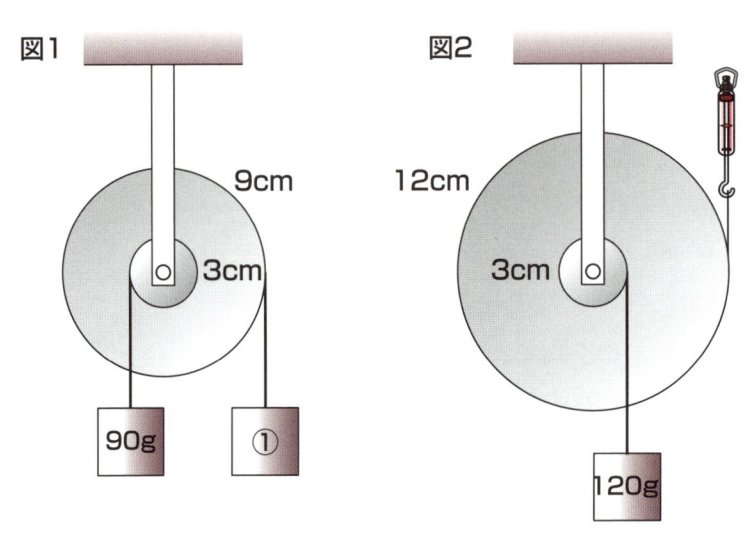

図1

9cm
3cm
90g
①

図2

12cm
3cm
120g

(1) 図1のようにつり合わせたとき、おもり①は何gになりますか。　　〔　　　g〕

(2) 図1の90gのおもりを10cm上に上げるには、おもり①を何cm下げればよいですか。　　〔　　　cm〕

(3) 図2のばねはかりは何gを示していますか。　〔　　　g〕

ヒント!!

1 (2) 輪じくの輪とじくはくっついているので、回る角度は同じ。このときひもが動くきょりの比は
□：△＝[半径小]：[半径大]

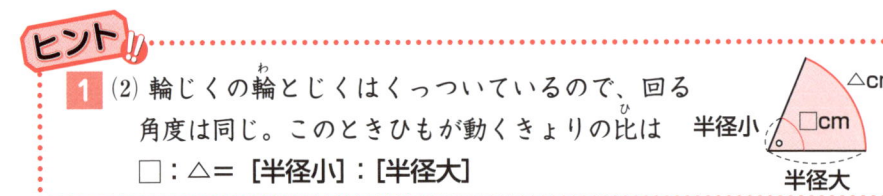

△cm
□cm
半径小
半径大

42

2 かっ車のはたらき

かっ車とひもなどを使って、いろいろな実験をしました。あとの問いに答えなさい。ただし、荷物と人以外の重さ、まさつは考えなくてよいものとします。

〈関西学院中改題〉

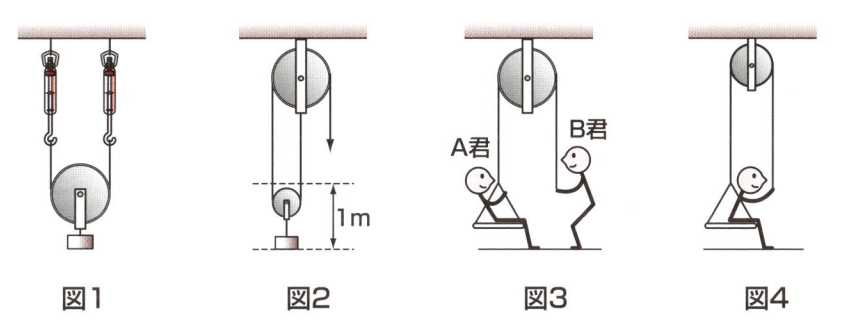

図1　　　　図2　　　　図3　　　　図4

(1) 図1のように10kgの荷物をつるすと、1つのばねはかりは何kgを示しますか。〔　　　kg〕

(2) 図2のようにして、10kgの荷物を引き上げました。
① ひもを引く力は何kgですか。〔　　　kg〕
② 荷物をゆかから1mの高さまで引き上げるには、ひもを何m引けばよいですか。〔　　　m〕

(3) 図3のようにして、B君が体重40kgのA君を引き上げました。
① B君がひもを引く力は何kgですか。〔　　　kg〕
② 図4のようにして、A君が自分のからだを引き上げると、何kgの力が必要ですか。〔　　　kg〕

ヒント!!
2 (2) 上のかっ車は定かっ車なので、力の大きさは変えない。
(3)②A君は、台とひもとで上向きに引き上げられることになる。

5 ばねの性質

5 ばねの性質

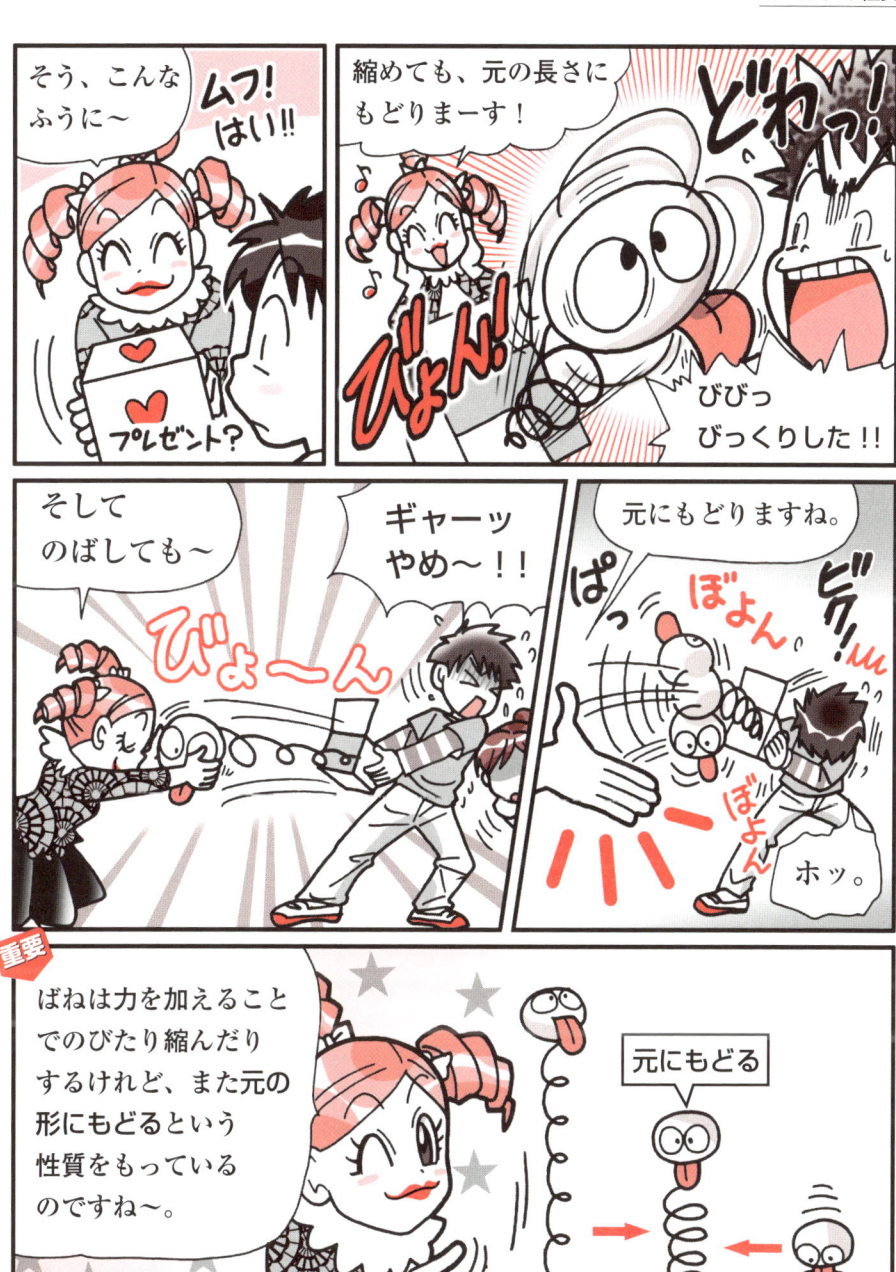

そう、こんなふうに〜
ムフ！はい!!
プレゼント？

縮めても、元の長さにもどりまーす！
びょん！
どわァッ！
びびっびっくりした!!

そしてのばしても〜
びょ〜ん
ギャーッやめ〜！！

元にもどりますね。
ぱっ
ぼよん
ビク！
ハハ
ぼよん
ホッ。

重要
ばねは力を加えることでのびたり縮んだりするけれど、また元の形にもどるという性質をもっているのですね〜。
ムフ！

元にもどる

くわしく 変形した物体が元の形にもどろうとする性質のことを、**弾性**という。これによる力を、弾性力という。

第1章　力と運動

5 ばねの性質

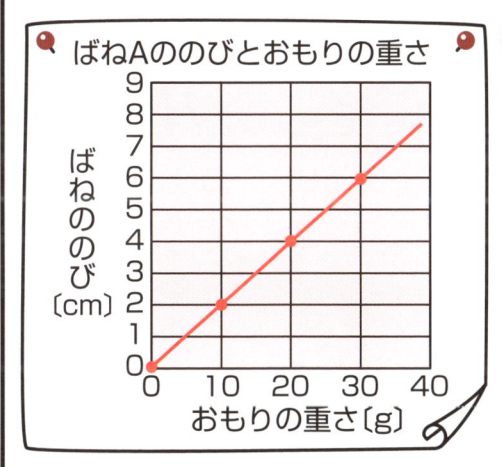

30gで6cm！

予想通り！ オレって天才？

ねえ グラフにするとわかりやすいわよ！

わたしって天才!?

この子たちは…

ばねAののびとおもりの重さ

きれいな直線になったわよ。

のびた部分だけを見ると5gごとに1cmのびてる！

そう！ それがばねの性質よ！

ばねののびはおもりの重さに比例するのよ〜！

キャハ!!

重要

おもりの重さが2倍、3倍…
↓
ばねののびも2倍、3倍…

比例

ば、ばねがのびる割合は一定なんだね。

用語 比例…一方の値Aが2倍、3倍、…になると、それにともなってもう一方の値Bも2倍、3倍、…になるとき、「BはAに比例する」という。グラフは原点を通る直線になる。

47

くわしく　上のばねＡとＢに同じ重さのおもりをつるしたときの**のびの比（ひ）は１：２**で、ばねＢのほうがのびやすいばねである。のびやすいばねのほうが、グラフのかたむきが急になる。

5 ばねの性質

では〜ここで問題ですっ！

元の長さ？

えっ、簡単じゃん。

問題

20gのおもりをつるすと、ばね全体の長さが12cm、30gのおもりをつるすと14cmになるばねがあります。

このばねの元の長さは何cmですか。

およ？

おもりをはずして長さをはかれば…

考えるまでもなく

あぶなっ!!

そういう問題じゃありませんのよっ!!

…し、失礼！では特別にこのグラフ用紙を貸してあげます。

ホホホ

元にもどった…

う、うーん。グラフ用紙か…

とりあえずわかっている数を入れてみる？

くわしく
ばねの長さ＝元の長さ＋ばねののび
ばねの**のび**はおもりの重さに比例するが、ばねの**長さ**は比例しないことに注意する。

第1章 力と運動

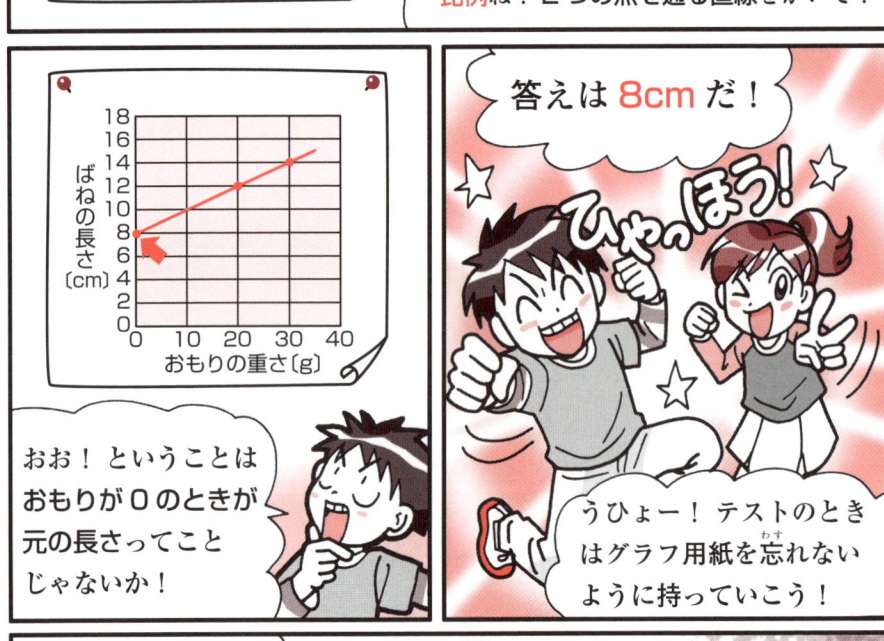

問題 おもりの重さとばねののびの間にはどのような関係がありますか。

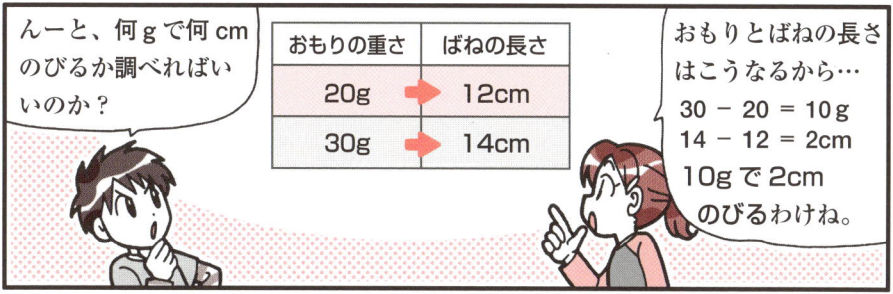

5 ばねの性質

んーと、何gで何cmのびるか調べればいいのか？

おもりの重さ	ばねの長さ
20g	12cm
30g	14cm

おもりとばねの長さはこうなるから…
30 － 20 ＝ 10g
14 － 12 ＝ 2cm
10gで2cmのびるわけね。

10gで2cmのびるなら20gでは $2 \times \dfrac{20}{10} = 2 \times 2$ で4cmのびているのね。

のび2cm　のび4cm

20gのときの全体の長さは12cmだから、のびた長さの4cmを引いて
12 － 4 ＝ 8　元の長さは **8cm** だ！

のび4cm　12cm

正解～！

実験の結果を目もりにしてばねの後ろにはってみたわよ～！

ムフ！

あっ！これでばねはかりになるんだ！

泉先生の髪もはかりになるんでは…

答え 比例の関係

第1章 力と運動

6 つないだばね

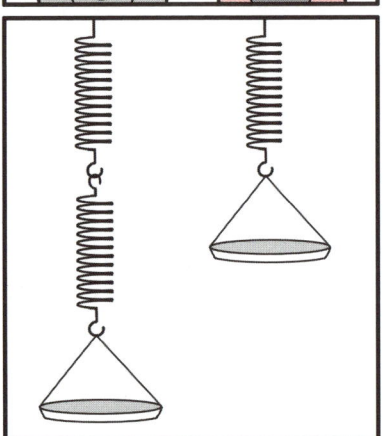

1cm
1.5cm
のびの合計
のびがちがう…。
じゃんけんぽいっ!!
ぱー
ぐー
くわっ負けた!!
トーゼンこっちでしょ！こんなにのびるんだからクリームたっぷり…
あれ!?
パク!
わー、クリームがいっぱい～！
ど…どうして…
ちょっぴり…
じゃ、今度はチョコのシュークリームよ！
0.5cm
1cm
またのび方がちがうな…
ハルカ長くのびてるほうあげるよ
…いいけど

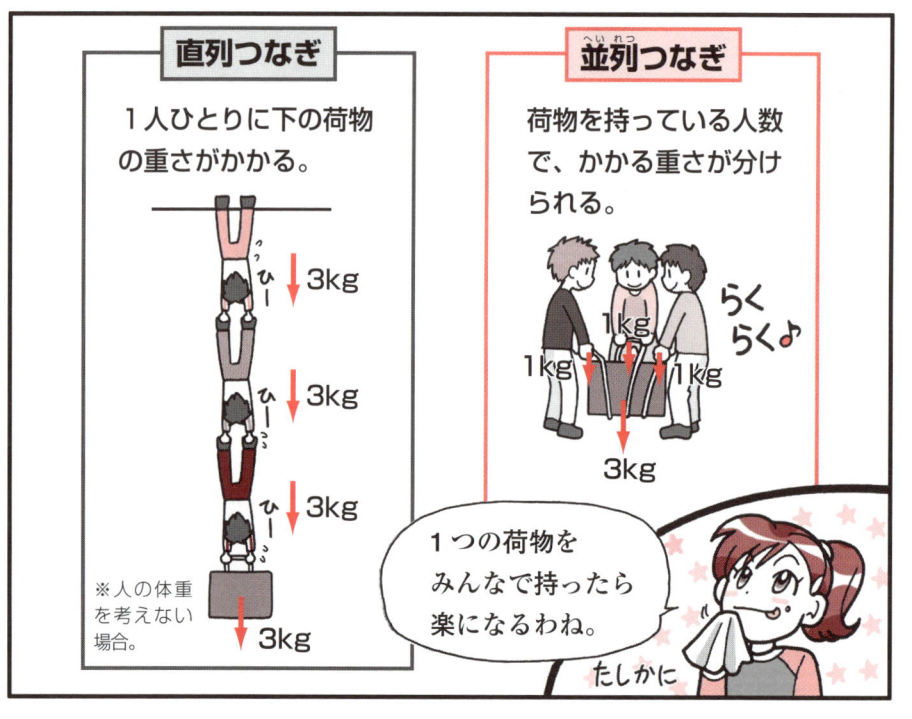

第1章　力と運動

あっ、今度は同じ量だ！！

どーなってるんだー　なっとくいかん！

ばねのつなぎ方で1本のばねにかかる重さが変わってくるのよ。

たとえば、ばねを人にたとえると…

直列つなぎ

1人ひとりに下の荷物の重さがかかる。

↓3kg
↓3kg
↓3kg
↓3kg

※人の体重を考えない場合。

並列つなぎ

荷物を持っている人数で、かかる重さが分けられる。

1kg　1kg　1kg
↓3kg

らくらく♪

1つの荷物をみんなで持ったら楽になるわね。

たしかに

問題 同じばねを2本直列につないでおもりをつるすと、のびの合計は1本のときと比べてどうなりますか。

6 つないだばね

つまりこういうことになるの！

★ばねの直列つなぎと並列つなぎ

※100gで1cmのびるばね。ばね自体の重さは考えない。

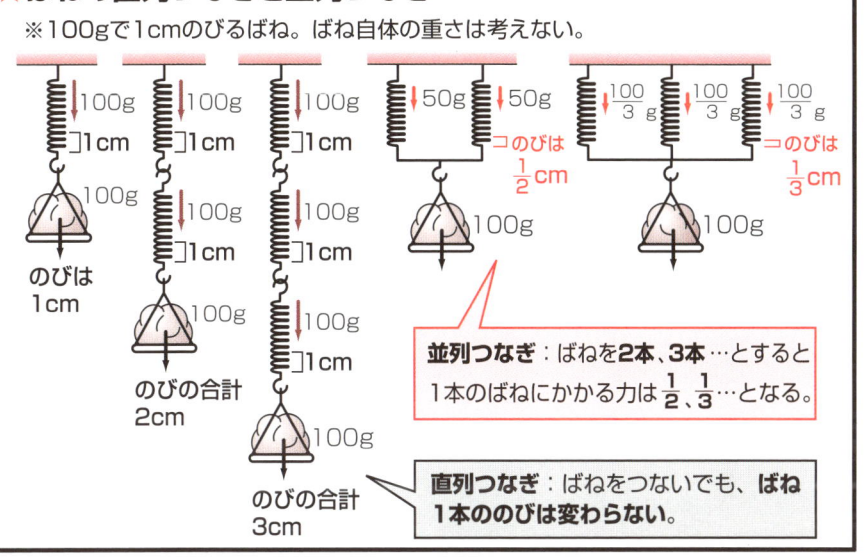

- のびは 1cm
- のびの合計 2cm
- のびの合計 3cm
- のびは $\frac{1}{2}$cm
- のびは $\frac{1}{3}$cm

並列つなぎ：ばねを**2本、3本**…とすると1本のばねにかかる力は $\frac{1}{2}$、$\frac{1}{3}$…となる。

直列つなぎ：ばねをつないでも、**ばね1本ののびは変わらない。**

では実際に問題を解いてみてね。

問題

長さが10cmで、50gのおもりをつるすと2cmのびるばねを使って図のように組み合わせ、おもりをつるしました。このとき、A・Bのばねの長さは、それぞれ何cmですか。ばねや器具の重さはないものとします。

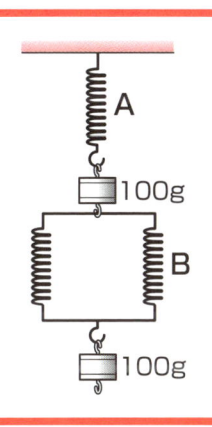

こんなふうにつないだらわかるわけないよ〜！

それぞれのばねにはたらく力を、下から考えてみて。Bから考えるのね。

答え 2倍になる。

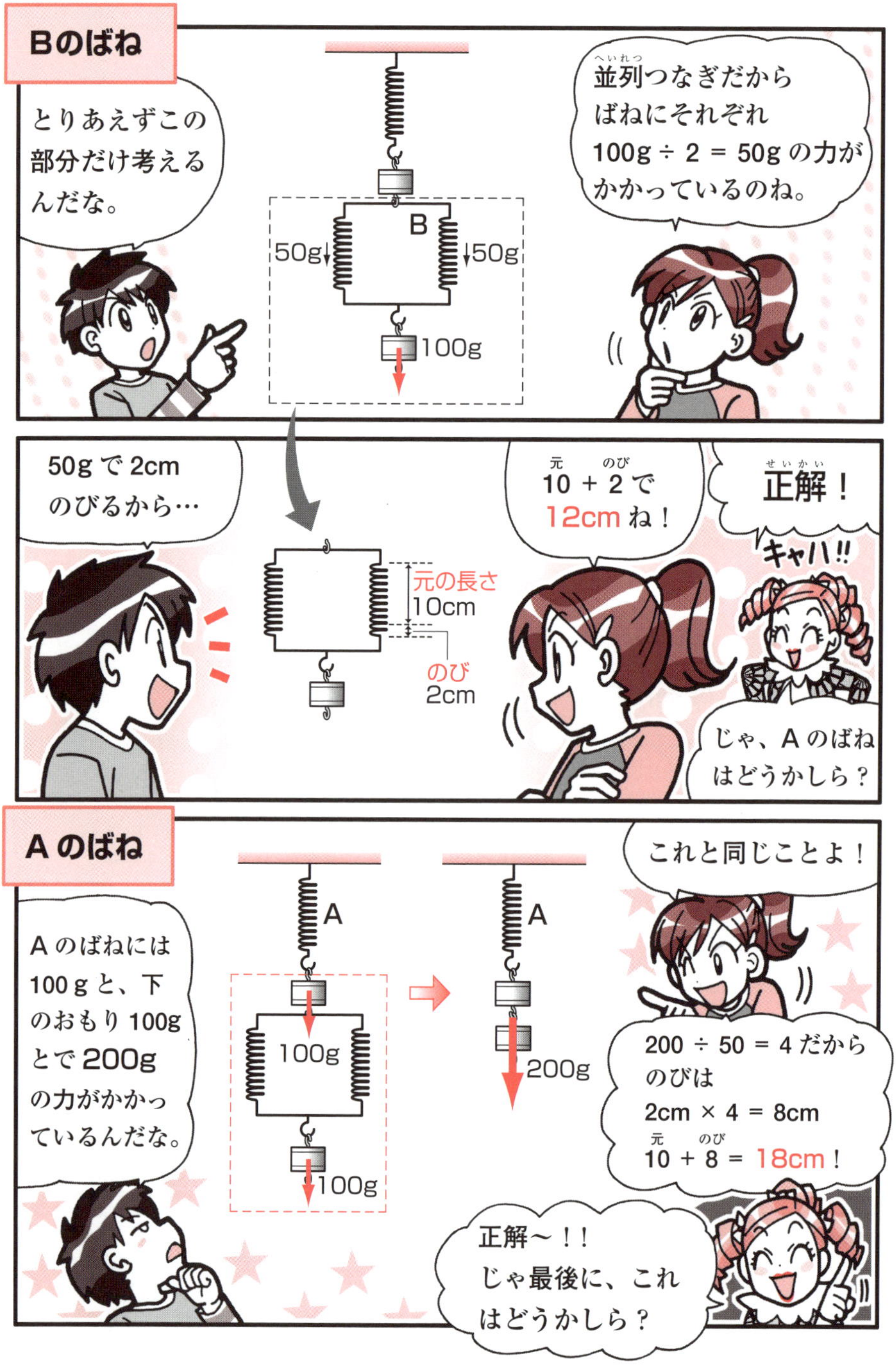

Bのばね
とりあえずこの部分だけ考えるんだな。
B
50g
50g
100g
並列つなぎだからばねにそれぞれ100g ÷ 2 = 50g の力がかかっているのね。
50g で 2cm のびるから…
元の長さ
10cm
のび
2cm
元 10 + のび 2 で 12cm ね！
正解！
キャハ!!
じゃ、A のばねはどうかしら？
A のばね
A のばねには100 g と、下のおもり 100g とで 200g の力がかかっているんだな。
A
100g
100g
A
200g
これと同じことよ！
200 ÷ 50 = 4 だからのびは 2cm × 4 = 8cm 元 10 + のび 8 = 18cm！
正解～！！じゃ最後に、これはどうかしら？

6 つないだばね

問題

50gのおもりをつるすと3cmのびるばねの両側に、50gずつおもりをつるしました。ばねののびは何cmになりますか。

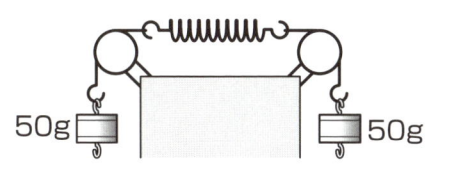

3cm × 2 = 6で6cm！やだな先生ー。今さらこんな簡単な…

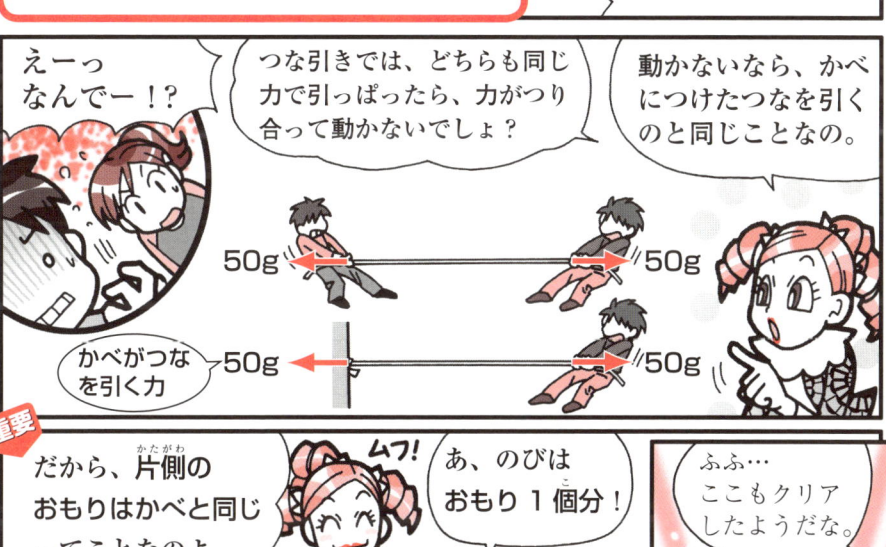

ち・が・い・ま・す！

えーっなんでー！？

つな引きでは、どちらも同じ力で引っぱったら、力がつり合って動かないでしょ？

動かないなら、かべにつけたつなを引くのと同じことなの。

かべがつなを引く力

重要

だから、片側のおもりはかべと同じってことなのよ。

あ、のびはおもり1個分！

ふふ…ここもクリアしたようだな。

かべがばねを引く力

50g分ののび！

答えは **3cm** ね！

重要ポイントのまとめ ▶▶▶ ばねのはたらき

1 ばねの性質(せいしつ)

- ばね…針金(はりがね)を、アサガオのつるのように巻(ま)いたもの。
- ばねの長さとのび
  のび＝のびたばねの長さ－元の長さ

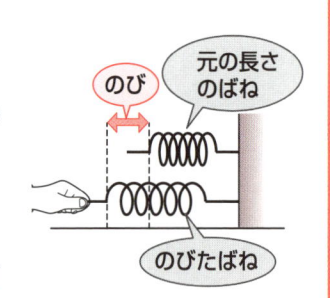

2 ばねののびと力

- ばねののびは、加えた力の大きさに比例(ひれい)する。→おもりの重さが2倍、3倍になると、ばねののびも2倍、3倍になる。 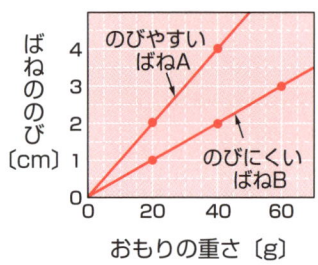
- [基本] のび方がちがうばね…おもりの重さが変わっても、のびの比は等しい。（グラフで、ばねA：ばねB＝2：1）

3 ばねのつなぎ方とばねののび

- [重要] おもりの重さは、
  直列つなぎ…どのばねにも共通にかかる。
  並列(へいれつ)つなぎ…分かれてかかる。

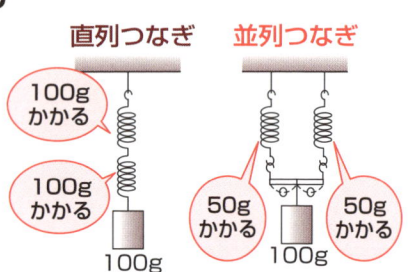

ここに注意！ 水平なばねでのおもりのつり合い

おもりをばねの両側にかけたとき、**ばねののびはおもり1個(こ)分**。2個分としないよう注意しよう！

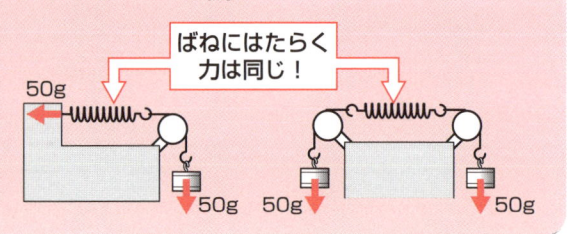

ばねにはたらく力は同じ！

第1章 力と運動

まんがのおさらい ▶▶▶
基本例題で確認

右の図のように、50gで2cmずつのびる、長さ10cmのばねを使って、重さ100gのおもりを2個つなぎました。このとき、図のばねA、Bの長さはそれぞれ何cmですか。ただし、ばねや器具の重さは考えないものとします。

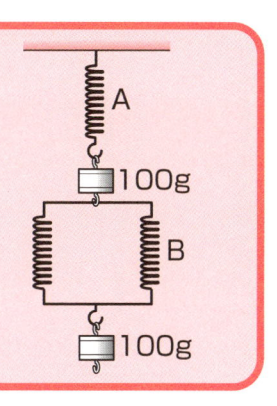

解き方 ▶▶▶

① ばねBは、Bと同じ種類のばねと<u>並列</u>につながれていて、おもりはぼうのまん中に下げられているので、それぞれのばねにかかる力の大きさは、100gのおもりの重さの**半分**、つまり **50g** になります。

② ばねBは **50gで2cmのびる** ので、50gの重さがかかっているとき、その長さは、10+2= **12〔cm〕** になっています。

③ ばねAには、その下につながれている100gのおもりの重さと、ばねBなどの下につながれている100gのおもりの重さの和の **200g** がかかります。つまり、右の図と同じように考えることができます。

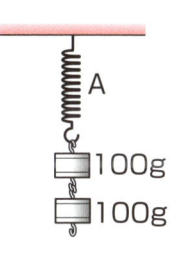

④ 200gの重さは、50gの、200÷50= **4〔倍〕** です。

⑤ ばねAに200gの重さがかかると、そののびは、50gの重さがかかったときの4倍の、**2×4=8〔cm〕** になります。

⑥ したがって、ばねAの長さは、10+8= **18〔cm〕** になります。

答え A…18cm、B…12cm

入試問題に挑戦!! ばねのはたらき

1 ばねのつなぎ方とのびや力

ばねを天じょうに固定し、つるした鉄球の重さとばねの長さとの関係をグラフにしました。あとの問いに答えなさい。図2～図4は同じばねをつないでいろいろな条件で鉄球をつるしたものです。ただし、ばねの重さは考えません。

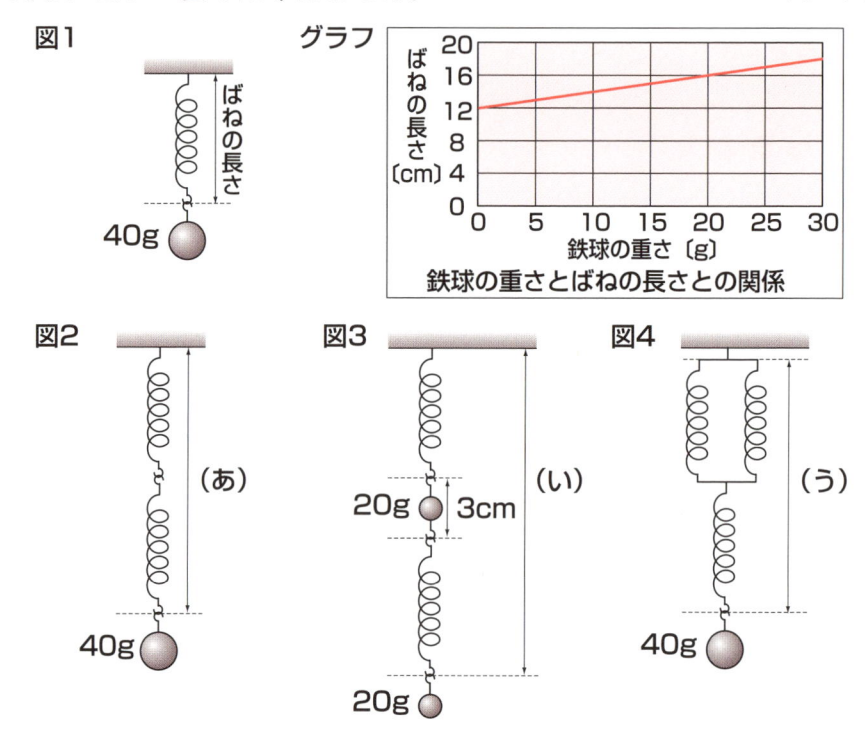

〈埼玉栄中〉

図1　40g

グラフ　鉄球の重さとばねの長さとの関係

図2　(あ)　40g

図3　20g　3cm　(い)　20g

図4　(う)　40g

(1) 図1のばねののびは何cmですか。　〔　　　cm〕

(2) 図2、図3、図4の状態で、(あ)、(い)、(う)の長さはそれぞれ何cmになりますか。

(あ)…〔　　　cm〕　(い)…〔　　　cm〕
(う)…〔　　　cm〕

第1章 力と運動

答えと解説…156ページ

2 ばねののびと力

A、B、Cのばねについて、おもりの重さとばねの長さの関係をグラフにすると、下の図のようになりました。あとの問いに答えなさい。

〈熊本マリスト学園中改題〉

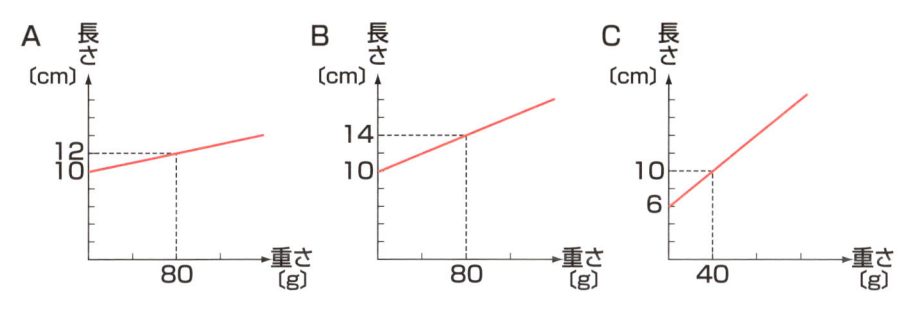

A: 重さ80gのとき長さ12cm、元の長さ10cm
B: 重さ80gのとき長さ14cm、元の長さ10cm
C: 重さ40gのとき長さ10cm、元の長さ6cm

(1) 60gのおもりを下げたとき、ばねの長さが最も長くなるのはどれですか。A～Cから1つ選び、記号で答えなさい。

〔　　　〕

(2) ばねAに40gのおもりを下げたとき、ばねの長さは何cmになりますか。　〔　　　cm〕

(3) ある重さのおもりをAに下げると、ばねの長さが13cmになりました。このおもりをCに下げると、Cは何cmになりますか。

〔　　　cm〕

(4) AとCをたてにつなぎ、いちばん下に40gのおもりを下げると、全体の長さは何cmになりますか。　〔　　　cm〕

> **ヒント**
> 2 (2) ばねAの元の長さは10cm、80gのおもりを下げると12cmになる。
> (3) ばねAののびは、13 − 10 = 3〔cm〕。
> (4) 40gのおもりを下げたときのAとCの長さの和を求める。

第1章 力と運動

7 浮力のはたらき

○用語 **浮力**…水などの液体の中にある物体は、上向きに力を受ける。この力を浮力という。液体にしずんでいる物体は、浮力を受けて軽くなる。

7 浮力のはたらき

さっそく水に入って、浮力のはたらきを感じてもらいましょう。

このビーチボールを水の上に置くと、何もしなくてもういてしまいますね。

ハルカさん。これをしずめられますか？

おしてもすぐういてくる！下からおされてる感じ！

浮力は上に向かってはたらく力なのです。

ではユウトくん。このボールを水の中で持ってみてください。重さはどうですか？

水の中で？

うん。軽いよ。指1本でも持てるね。

第1章　力と運動

64

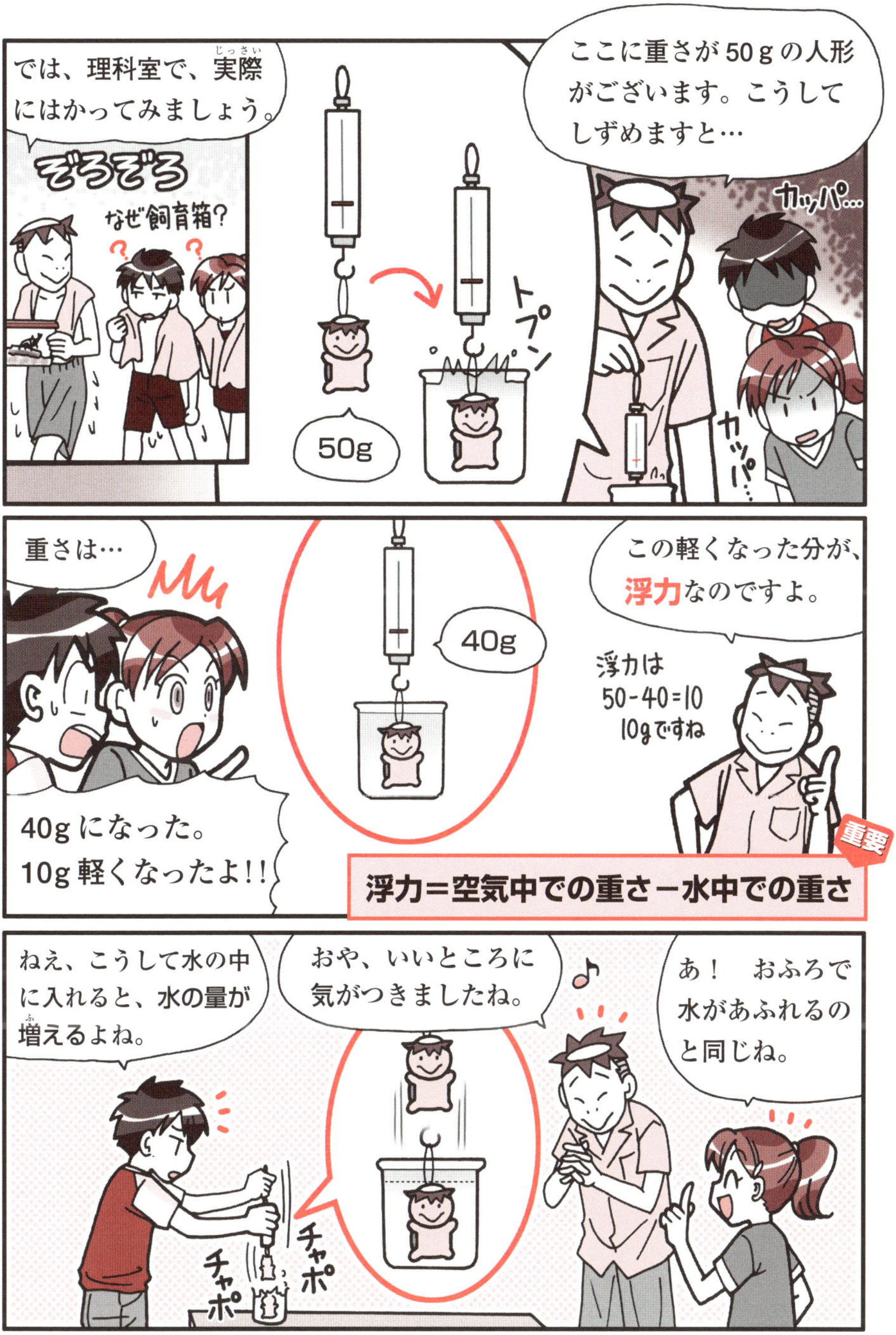

マメ知識 アルキメデスは、ふろで湯に体をしずめたとき、湯があふれ出たことから、王かんの体積をはかる方法に気づき、王かんが純金でないことを見破ったと伝えられている。

第1章　力と運動

ハルカが入ると**大洪水**！

ザッパー

そんなにあふれません！わたしはそんなに重くないの！

いえいえ、水が増えることと重さは関係ないのですよ。

えっ

ハルカパンチ

関係あるのは、**体積**です。

ものが水に入ると、水をおしのけるので、体積の分の水が増えたように見えるのです。

100cm³ → 110cm³

だから何よ　10cm³ 増えた。

10cm³ がこの人形の体積ということです。

水 = 10g
10cm³

重要
水の重さは
1cm³ が 1g ですから、10cm³ の水は 10g。

あれっ？ 10gって…浮力の10gと同じ？

そのとおり！！

重要
浮力＝おしのけた水の重さ
→おしのけた水の**体積の値**と等しい。

くわしく　水は 1cm³ ＝ 1g なので、水の体積の値は水の重さの値に等しい。浮力の大きさは、物体がおしのけた水の重さに等しいので、浮力の値は、おしのけた水の体積の値に等しい。

問題

図のように水の中に物体Aをしずめました。水は 20cm³ 増え、水中での A の重さは 60g でした。物体 A の空気中での重さは何 g ですか。

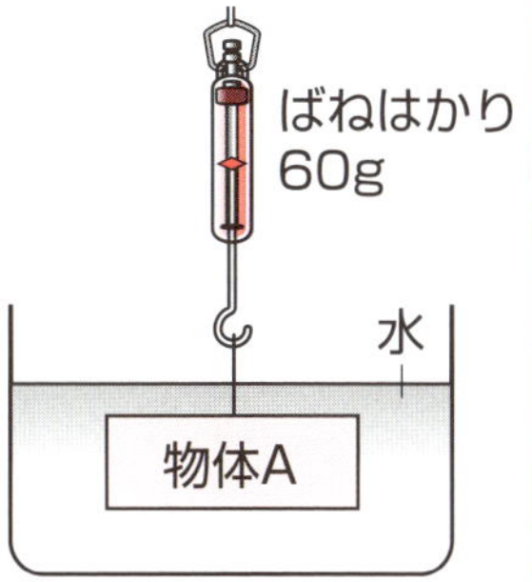

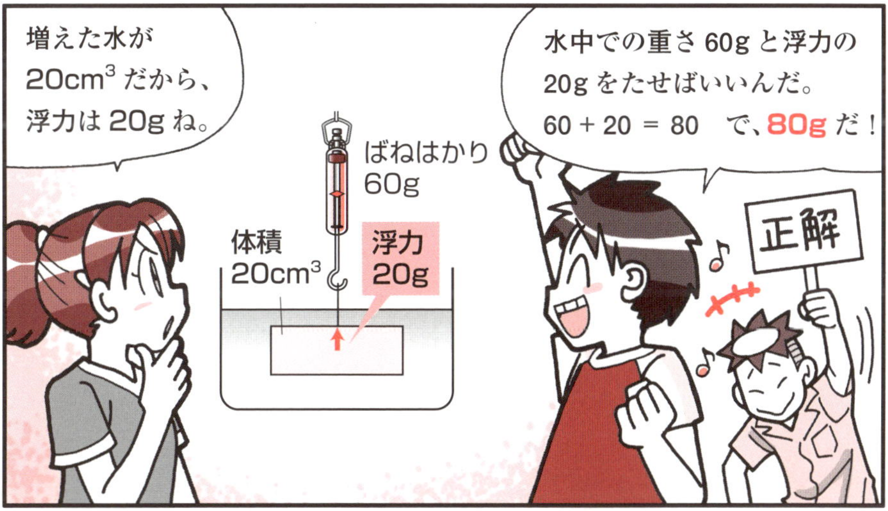

なにその名前

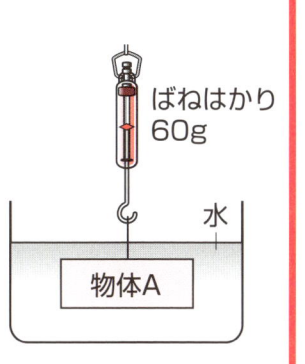

8 浮力のつり合い

ヨルダンとイスラエルの国境にある「死海」という湖（塩湖）の水は、ふつうの海より約5～10倍も塩分がこい。このため、死海では非常に浮力が大きく、人の体がうきやすい。

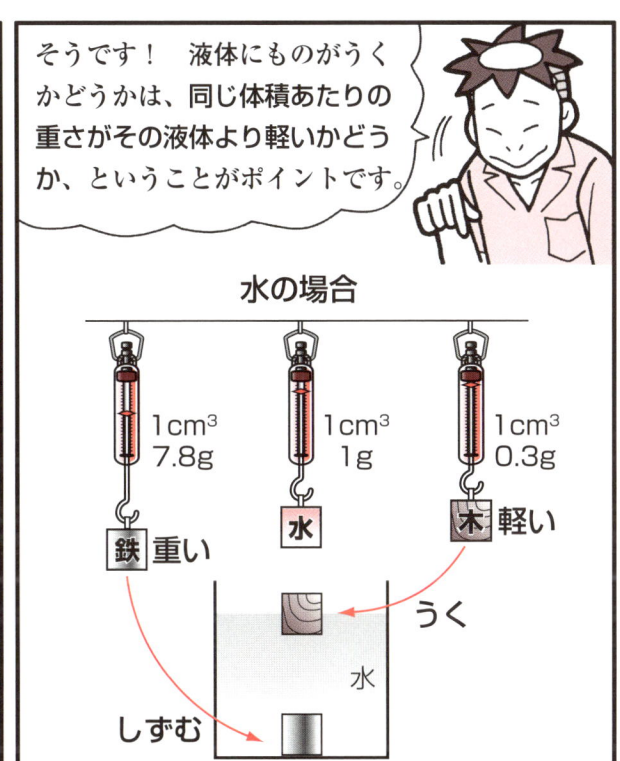

8 浮力のつり合い

なめてみてください。

そうです！　液体にものがうくかどうかは、同じ体積あたりの重さがその液体より軽いかどうか、ということがポイントです。

うっ！しょっぱい！！
わかった！これ食塩水ね！

水の場合

- 1cm³ 7.8g　鉄　重い
- 1cm³ 1g　水
- 1cm³ 0.3g　木　軽い

うく
しずむ
水

食塩水は水より重いのです。

重い液体の中では、水の中より浮力が大きくなるのですよ。

食塩水 1cm³ で 1.2g
たまご 1cm³ で 約1.1g

食塩水の中ではものがうきやすいのね。

プールより海のほうが体がうきやすいのもそのせいなのか…

くわしく　水以外の液体中の浮力…浮力＝液体 1cm³ の重さ×物体の液体中の体積
　　　　　　→ 食塩水 約1.1〜1.2g、アルコール 約0.8g

第1章　力と運動

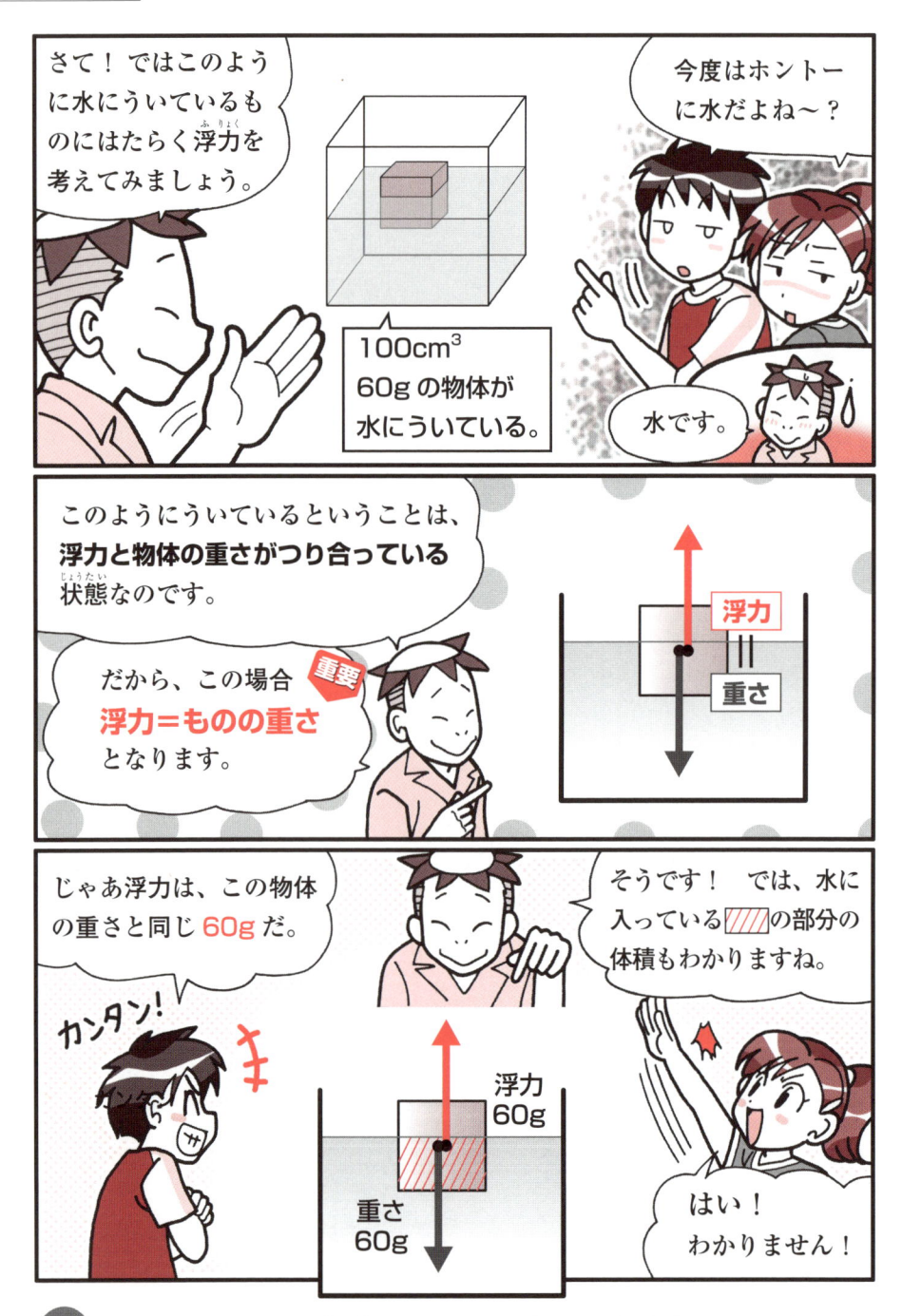

さて！ではこのように水にういているものにはたらく浮力を考えてみましょう。

今度はホントーに水だよね～？

水です。

100cm³ 60gの物体が水にういている。

このようにういているということは、**浮力と物体の重さがつり合っている**状態なのです。

だから、この場合 **浮力＝ものの重さ** となります。

重要

浮力 ＝ 重さ

じゃあ浮力は、この物体の重さと同じ **60g** だ。

カンタン！

そうです！では、水に入っている▨の部分の体積もわかりますね。

浮力 60g
重さ 60g

はい！わかりません！

問題 重さ200g、体積230cm³の物体を水にうかべると、水面上の体積はいくらですか。

70

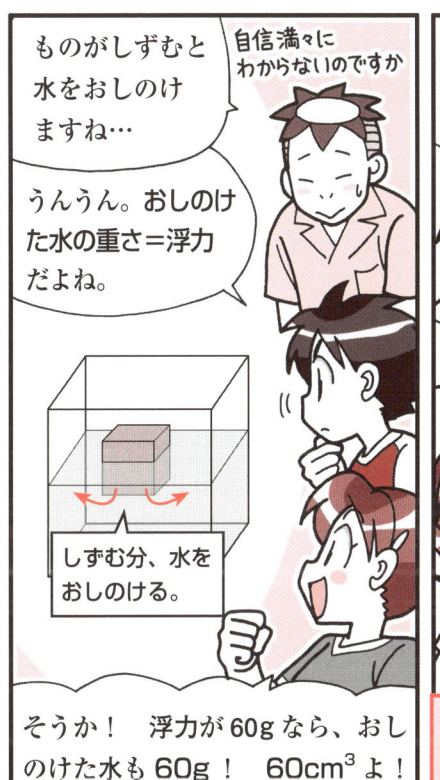

8 浮力のつり合い

ものがしずむと水をおしのけますね…

自信満々にわからないのですか

うんうん。おしのけた水の重さ＝浮力だよね。

しずむ分、水をおしのける。

そうか！ 浮力が60gなら、おしのけた水も60g！ 60cm³よ！

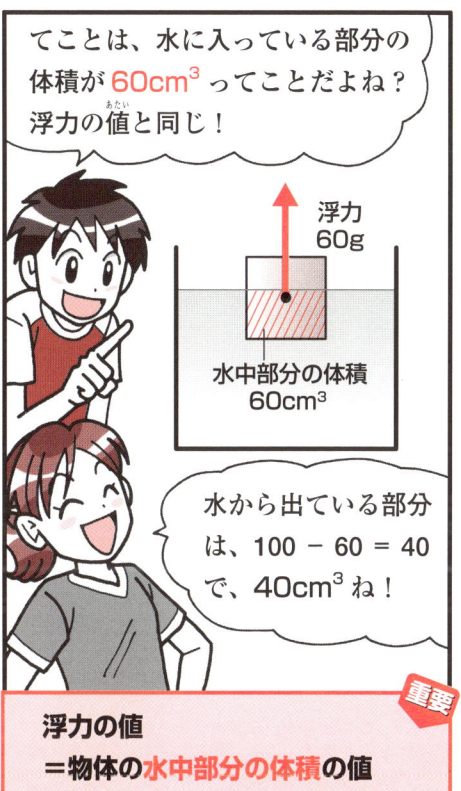

てことは、水に入っている部分の体積が 60cm³ ってことだよね？浮力の値と同じ！

浮力 60g

水中部分の体積 60cm³

水から出ている部分は、100 − 60 = 40で、40cm³ね！

重要

浮力の値
＝物体の<u>水中部分の体積</u>の値

だいぶわかってきたようですね。ではこんな問題はいかがでしょうか。

問題

台はかりの上に水が入った450gのビーカーがあります。A、Bの図のような場合、それぞれ台はかりは何gになるでしょう。

A ／ B

150gで体積100cm³のおもり

ばねはかり ←50gを示している。

台はかり

答え 30cm³（230 − 200 = 30）

第1章　力と運動

…Aは、浮力の分軽くなるかな…？

うーーーん…

ビーカーと水 450g

150g 100cm³

←50g

A　B

Bは…ばねはかりが50gだから水中での重さは50gでしょ？浮力は…どう考えればいいの？？

ちょっと難しいですね。たとえばこのように考えてみましょうか。

A　カメが入った水そうを持っている。

B　つり人に引っぱられているカメが入った水そうを持っている。

ん!?　Aは、カメが水の外に出ても全体の重さは…

600g

150g

450g

変わらないよね！するとAの水そうは
水そうと水　カメ
450 ＋ 150 ＝ 600g
なんだ！

問題　重さ100g、体積150cm³の物体を完全に水にしずめるには、上から何gの力でおせばよいですか。

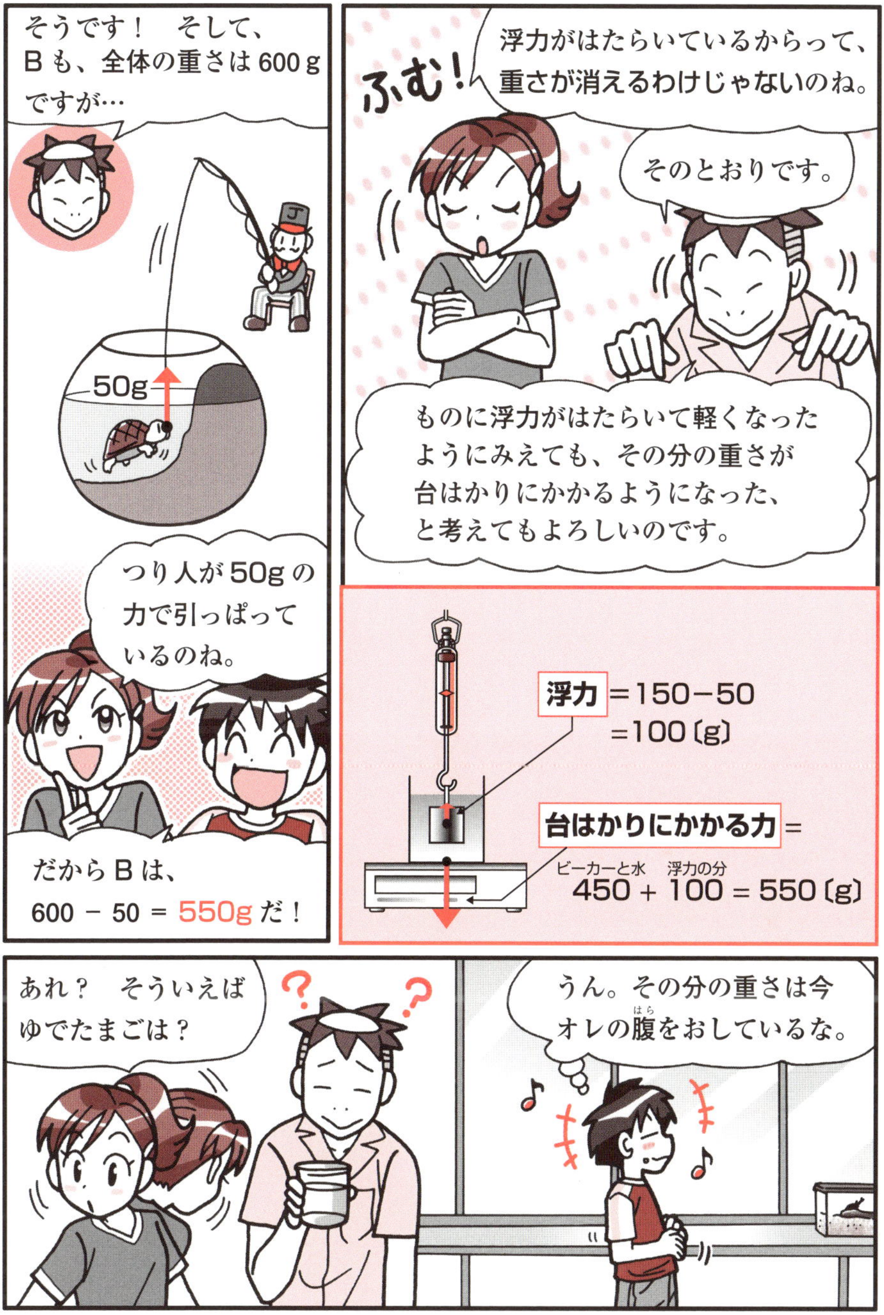

答え　50g（物体が完全に水にしずんだとき、物体にはたらく浮力の大きさは150g。物体の重さが100gなので、150 − 100 ＝ 50〔g〕の大きさの力で上からおせばよい。）

重要ポイントのまとめ ▶▶▶ 浮力のはたらきとつり合い

1 浮力とは
● 浮力…物体を液体に入れたとき、液体が物体をおし上げる上向きの力。液体中にある物体には、いつも浮力がはたらく。

2 浮力のきまり
● 浮力の大きさ…物体がおしのけた液体の重さと同じ。

重要 ● 物体を水に入れたときの浮力

水 $1cm^3$ あたりの重さ＝**1g** なので、

浮力の大きさの値＝物体の**水中部分の体積**の値

→ 物体がおしのけた水の体積

3 水にういている物体にはたらく浮力
● 浮力＝物体の重さ
● 水にういている物体の $1cm^3$ あたりの重さは 1gより軽い。

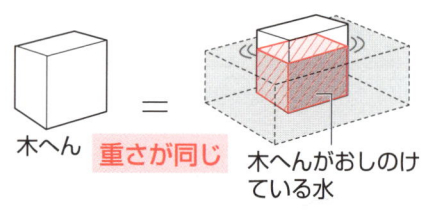

4 水中の物体にはたらく浮力
基本 ● 浮力＝物体の重さ－物体の水中での見かけの重さ

ここに注意！ 浮力と台はかりが示す値

重さは消えてなくなることはないので、**全体の重さは変わらない**。右の図で、水中で軽くなった浮力分の重さは、台はかりにかかる。
→台はかりの示す値は、**浮力分大きくなる**。

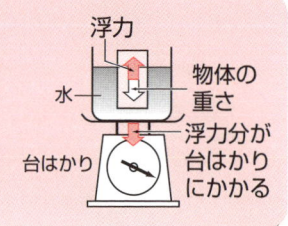

第1章　力と運動

まんがのおさらい ▶▶▶ 基本例題で確認

右の図のように、台はかりの上に水の入ったビーカーをのせ、Aでは150 gの物体を水に入れ、Bでは同じ物体をばねはかりにつるして水に入れました。A、Bの台はかりはそれぞれ何gを示していますか。ただし、水とビーカーを合わせた重さは450 gです。

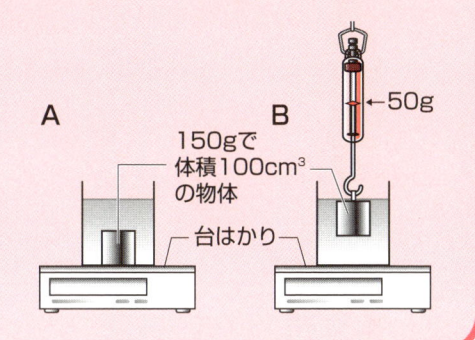

A　B　←50g　150gで体積100cm³の物体　台はかり

解き方 ▶▶▶

① 物体の重さは、消えてなくなったり何もないところからとつ然生じたりすることはありません。

② Aでは、物体と水、ビーカーの重さ全体を支えているのは、台はかりしかありません。したがって、Aの台はかりには**上にのっているものすべての重さがかかる**ので、台はかりが示す値は、それらの和に等しくなります。450 + 150 = 600〔g〕

③ Bでは、物体と水、ビーカーの重さ全体を、台はかりとばねはかりの**両方で支えています。**

④ 全体の重さ600 gのうち、ばねはかりには50 gがかかっています。台はかりにかかっているのは、**その残りの重さ**です。
450 + 150 − 50 = 550〔g〕

⑤ 物体にはたらく浮力分（100 g）が台はかりにかかると考えることもできます。450 + 100 = 550〔g〕

答え A…600g　B…550g

入試問題に挑戦!! 浮力のはたらきとつり合い

1 浮力と力のつり合い

〈東邦大附属東邦中改題〉

次の問いに答えなさい。

(1) 水の入った容器をはかりにのせ、120 gの重さで体積が 30cm³ の物体を図のように糸でつるし水の中に入れたところ、はかりは 100 g を示しました。この物体を水の中に入れる前のはかりは、何 g を示していましたか。

〔　　　g〕

(2) コップの中に水を入れ、その中にたまごを入れます。すると、たまごは水の中にしずみます。次に、そのコップの中に食塩を入れてとかしていきます。ある程度食塩を入れると、たまごはうかび上がります。たまごがうかび上がった理由を 30 字以内で答えなさい。

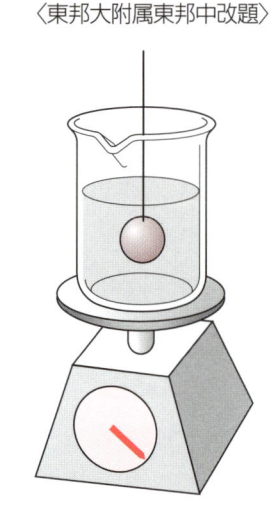

ヒント!!

1 (1) 体積 30cm³ の物体を水中に完全にしずめているので、物体にはたらく浮力の大きさは 30 g。
［台はかりの示す値］＝［水とビーカーの重さ］＋［浮力］であり、物体を水から出すと、浮力分がなくなる。
(2) たまごがおしのけている食塩水の重さが、たまごにはたらく浮力。

2 浮力のはたらき

浮力のはたらきについて、次のような実験をしました。各問いに答えなさい。ただし、水 $1\,cm^3$ の重さは $1\,g$ とします。

〈鴎友学園女子中改題〉

[実験1] 重さが $420\,g$ で体積が $140\,cm^3$ の物体Aをばねはかりにつるし、図1のように水の中に入れました。

(1) 物体Aがおしのけた水の体積は何 cm^3 ですか。〔　　　cm^3〕

(2) ばねはかりは何 g を示しますか。〔　　　g〕

[実験2] 重さが $140\,g$ で体積が $200\,cm^3$ の物体Bが、図2のように水にうきました。

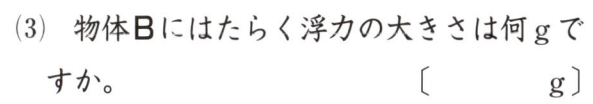

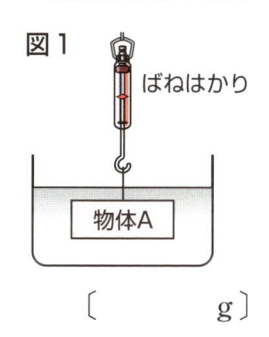

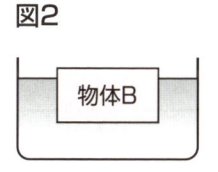

(3) 物体Bにはたらく浮力の大きさは何 g ですか。〔　　　g〕

(4) 水面より上に出ている体積は何 cm^3 ですか。〔　　　cm^3〕

[実験3] 物体A、Bを図3のようにつないで、ある液体の中に入れました。このとき、物体Bの体積の22%が空気中に出ており、ばねはかりは $338\,g$ を示していました。

(5) この液体 $1\,cm^3$ の重さは何 g ですか。〔　　　g〕

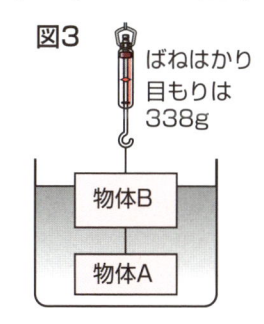

ヒント

2 (5) 物体A、Bにはたらく浮力の和÷おしのけた液体の体積の和

9 ふりこの性質

> 問題　ブランコに乗って1往復する時間を長くするためには、どのようにするとよいですか。「立つ」「座る」で答えなさい。〈日本大学中〉

9 ふりこの性質

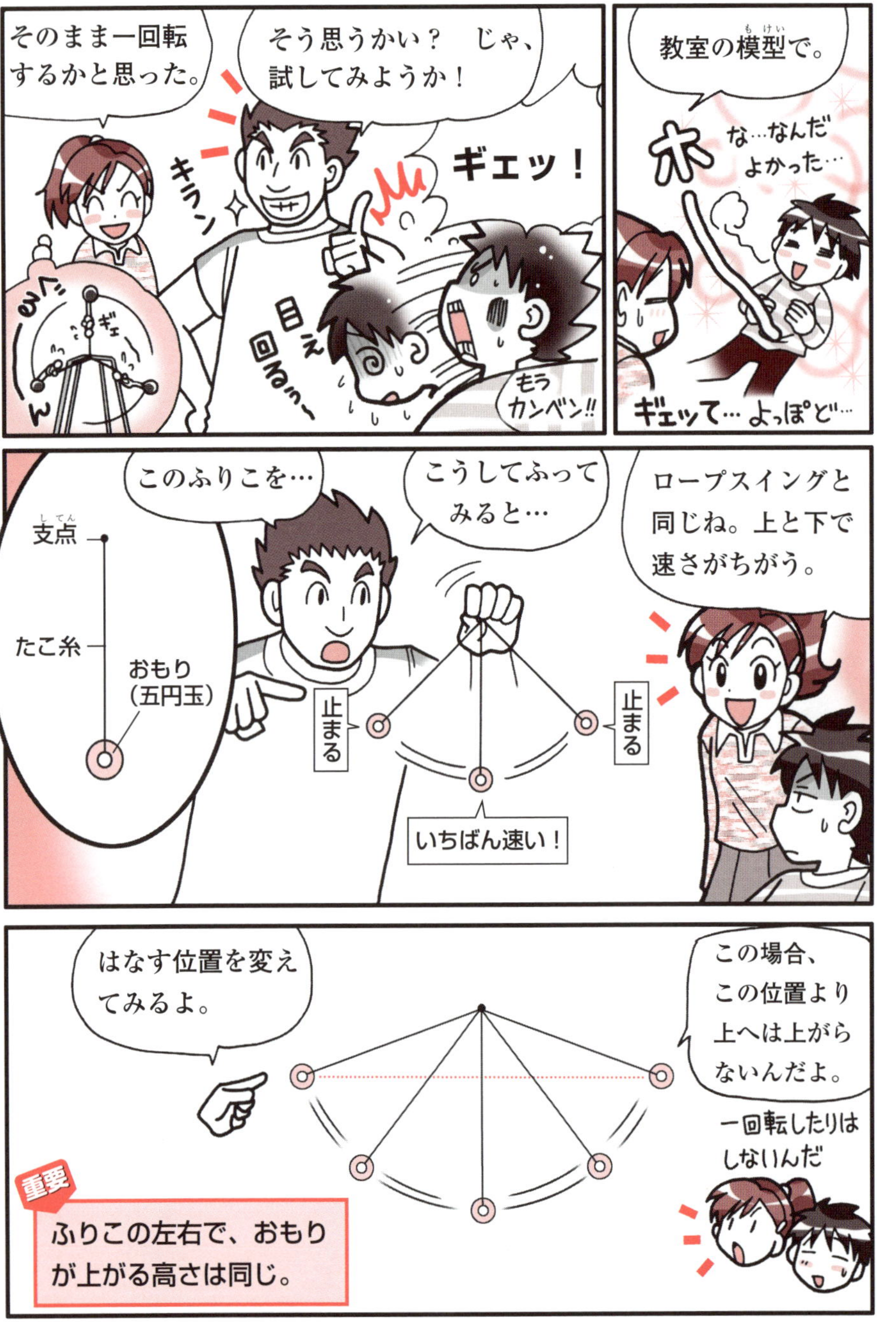

マメ知識 ガリレオ・ガリレイ（1564～1642）は教会につるされたシャンデリアが大きくゆれても小さくゆれても、1往復する時間が同じこと（ふりこの等時性）を発見した。

9 ふりこの性質

今度は時間との関係を見てみよう。実はふりこで時計ができるんだよ。

あ、知ってる。おじいちゃんちにふりこ時計があるわ。

↓ここがふりこね

ふりこ時計やメトロノームはふりこが**往復する時間が決まっている**ことを利用してつくられているんだ。

メトロノーム？どこがふりこなの？

メトロノームはおもりが上向きについたふりこなんだよ。

おもり
支点

でも、この5円玉ふりこでも往復する時間が決まっているっていうのは…どうかな？

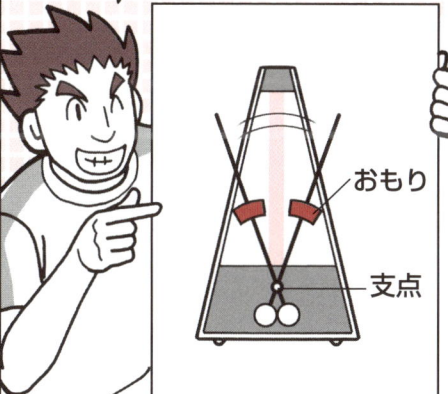

こんなのでねぇ～

> **くわしく** メトロノームの1往復する時間を短くするには、おもりを下へ下げる（支点に近づける）。

第1章　力と運動

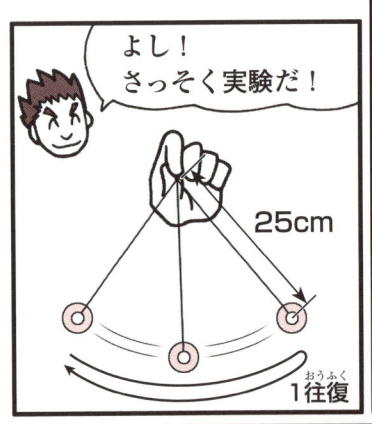

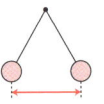

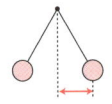

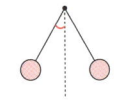

くわしく　*光を一定の間かくで発光させ、その間カメラのシャッターを開けたままにしておいてうつした写真を、ストロボ写真という。速く動くものほど間が大きくうつる。

第1章　力と運動

重要 重さやふれはばは1往復する時間に関係ないんだ！

ね、確かメトロノームはおもりの位置を動かして速さを変えたわ。

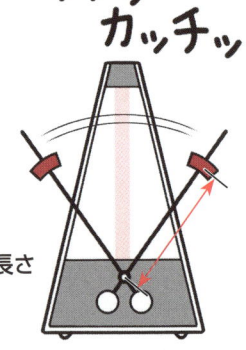

おもりの位置を変えるということは、**ふりこの長さ**を変えることになるよ。

おもりの中心までが、ふりこの長さだ。

カチ カチ カチ カチ

カッチッ カッチッ

ふりこの長さ

重要 ふりこが長いほうが、1往復にかかる時間が長いんだな。

あれ？　でも長さを2倍にしても時間が2倍になるわけじゃないのね？

★ふりこの長さと1往復する時間

ふりこの長さ	1往復する時間
25cm	1.0秒
50cm	1.4秒
100cm	2.0秒
200cm	2.8秒
225cm	3.0秒

くわしく　ふりこの長さは、支点からおもりの中心までのきょりである。ふりこの糸の長さがふりこの長さではないので注意すること。

9 ふりこの性質

ふりこの長さを4（2×2）倍、9（3×3）倍、…にすると…

時間が**2倍、3倍、…**になるんだ！

おもしろーい！

ふりこの長さ	1往復する時間
25cm	1.0秒
100cm	2.0秒
225cm	3.0秒

4倍 / 9倍 / 2倍 / 3倍

ではここで問題だ！この中で1往復するのに時間が長い順番をいってみよう。

うーん…ふりこが長いほうから選べば…

問題

ア　イ　ウ　エ　オ

ふりこの長さはおもりの中心までよね。

おもりの中心にしるしをつけて…オアウエイ！

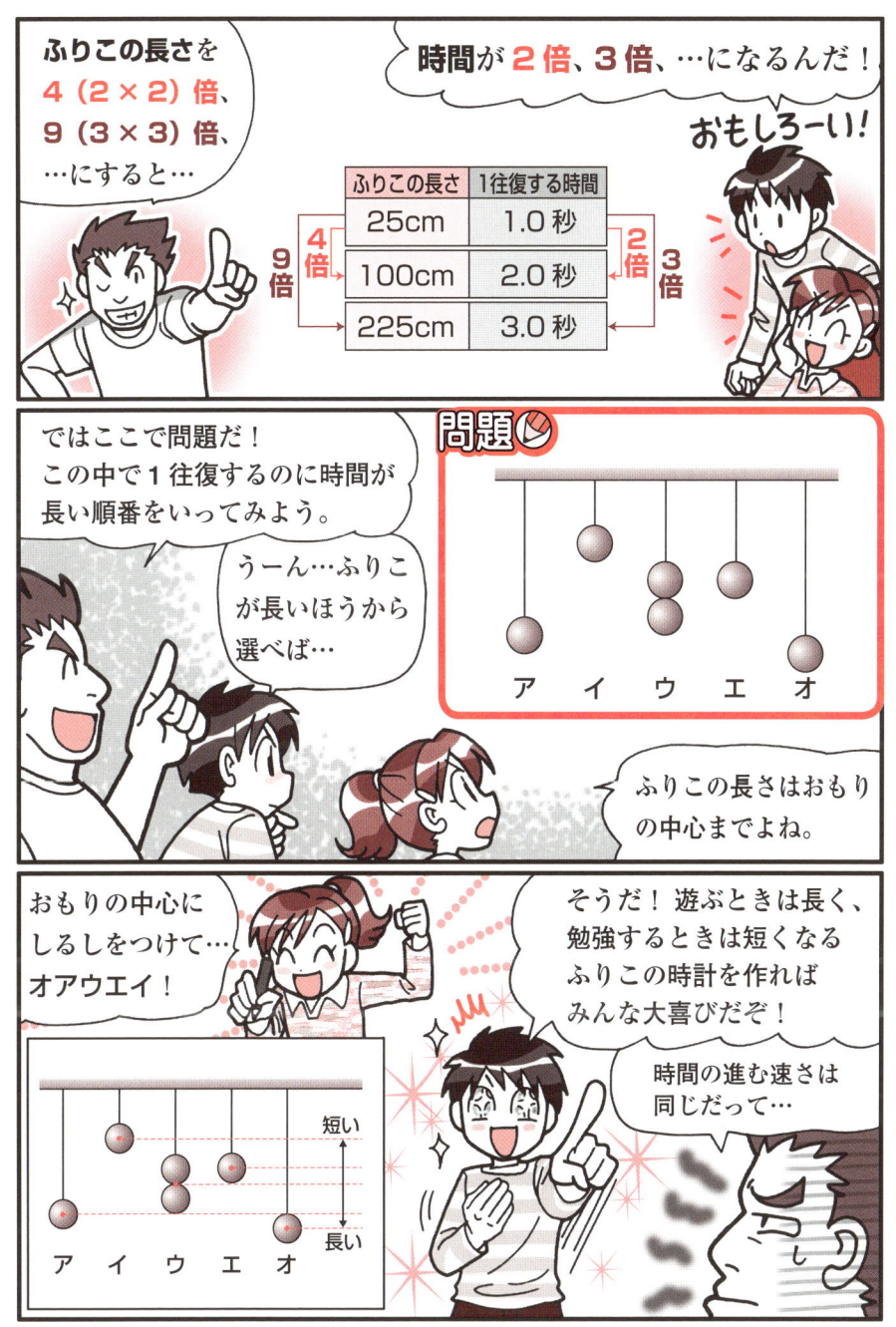

短い／長い
ア　イ　ウ　エ　オ

そうだ！遊ぶときは長く、勉強するときは短くなるふりこの時計を作ればみんな大喜びだぞ！

時間の進む速さは同じだって…

ホントに授業がわかったのか？

10 おもりの動きとしょうとつ

さあ、次の授業はこれだ！

何これ？ふりこのときのストロボ写真？

坂を転がした球のストロボ写真だよ。

はい！オレわかるよ！

下のほうが間かくが大きいのは、坂の下のほうが速いってことだよね！

だんだん速くなる。

最も速い！ 重要

うむ！そういうことだね！

さすがふりこを体感しただけのことはあるわね

くわしく なめらかなしゃ面でおもりを転がすと、おもりはだんだん速さを増しながら坂を下っていき、坂のいちばん下で最も速くなる。水平部分では、速さは一定である。

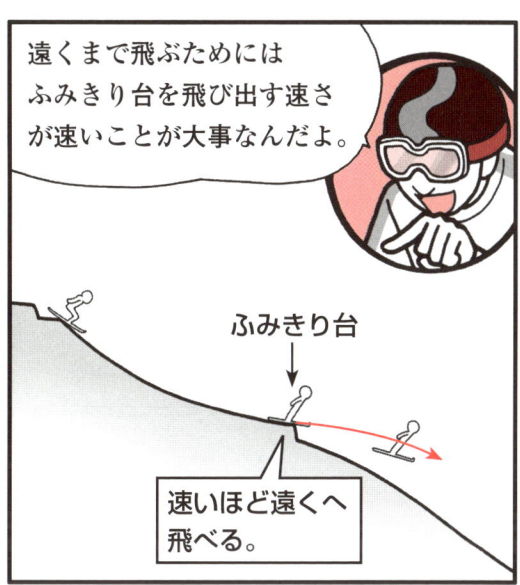

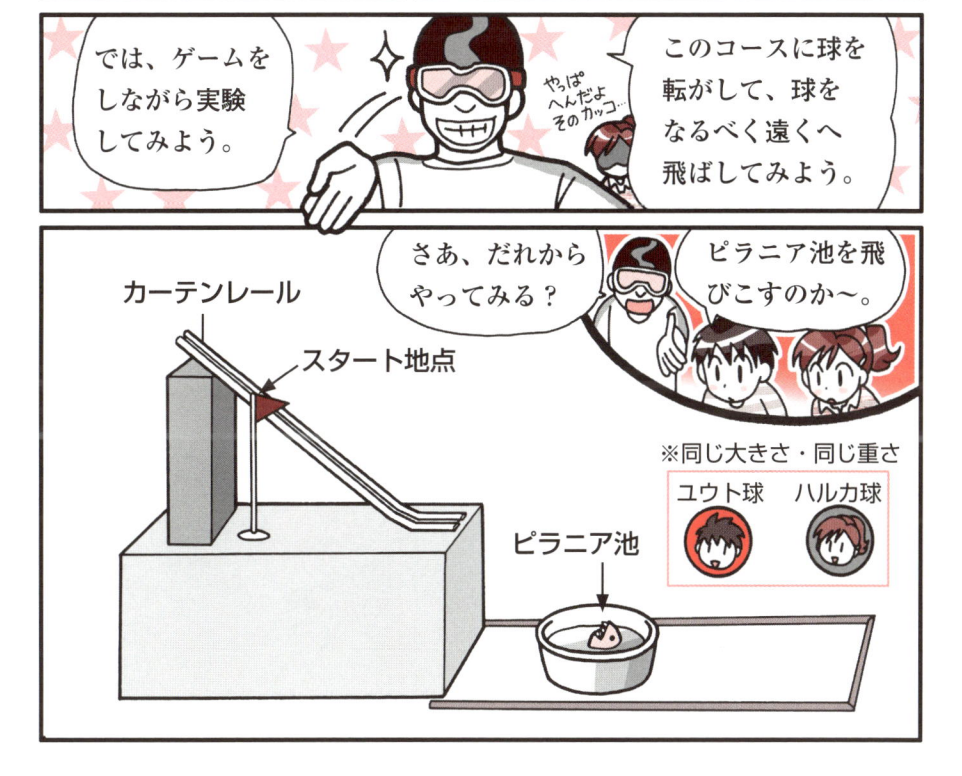

10　おもりの動きとしょうとつ

ところでスキーのジャンプを見たことがあるかい？

ちゅーとはんぱなコスプレ…

えっな、何！？

遠くまで飛ぶためにはふみきり台を飛び出す速さが速いことが大事なんだよ。

ふみきり台

速いほど遠くへ飛べる。

では、ゲームをしながら実験してみよう。

やっぱへんだよそのカッコ…

このコースに球を転がして、球をなるべく遠くへ飛ばしてみよう。

カーテンレール
スタート地点
ピラニア池

さあ、だれからやってみる？

ピラニア池を飛びこすのか〜。

※同じ大きさ・同じ重さ
ユウト球　ハルカ球

第1章　力と運動

問題 しゃ面で球を転がすとき、転がす位置を高くすると、下の位置での球の速さはどうなりますか。

10　おもりの動きとしょうとつ

ドボン!!

えー！？どうして！？？

ピラニアピラニア！

どちらも速さが十分じゃなかったようだね。

坂を急にすると、転がる時間は短くなるけれど、**高さ**が同じなら、**球の飛び出す速さは同じ**なんだ。

重要

ごめんねユウトくん

ハルカ　高さが同じ　ユウト

球が飛び出す速さは同じ！

こうなることわかっててスタートの位置を変えさせたのか…

オトナなんて…

では、こうしよう。
「球を重くする」
「高い位置からスタートする」
のどちらかを選んで勝負だ！

はいはい!!

オレ重い球！

わたしは高いところ！

答え　速くなる。

89

重い球
では、ユウトくん
からいってみよう。
スタート！
ゲッ
ドボン！
わあ～～！！
ダメじゃーん！
高い位置
では、ハルカくん
スタート！
おーーっ！
ゴトン！
やったー！！
池をこえたー！
なんで重い球じゃ
だめなんだ～？
飛び出す速さを速く
するのに、重さは関
係ないんだよ。
スタートの位置
が問題なんだ。
高いほど
いいのね！

10 おもりの動きとしょうとつ

そう。だからスキージャンプの競技では、飛びすぎて危険な場合、スタート地点を低い位置に変えたりするんだよ。

高い　低い　安全

飛びすぎて危険!!

ふりこも同じだったね。高い位置からはなすと球の速さは速くなって…

高い　速い　低い　おそい

重要

★ 坂を転がる球の速さ
球の出発点の高さが高いほど速い。
球の重さは関係しない。

では次のゲーム。今度は転がした球をこの人形に当てて人形を飛ばすんだ。

そうか！ふりこでもおもりの重さは速さに関係なかった！！

タザン

くわしく　自動車事故では自動車が重いほど、またスピードが速いほど大事故になる。これは重くて速く動くものほど、他のものにぶつかったときのしょうげきが大きいからである。

第1章　力と運動

> マメ知識 ▶ 他のものを動かすはたらきの例…同じ速さでくぎを打つとき、重い金づちほどくぎを深く打てる。同じバットを速くふるほど、打ったボールがよく飛ぶ。

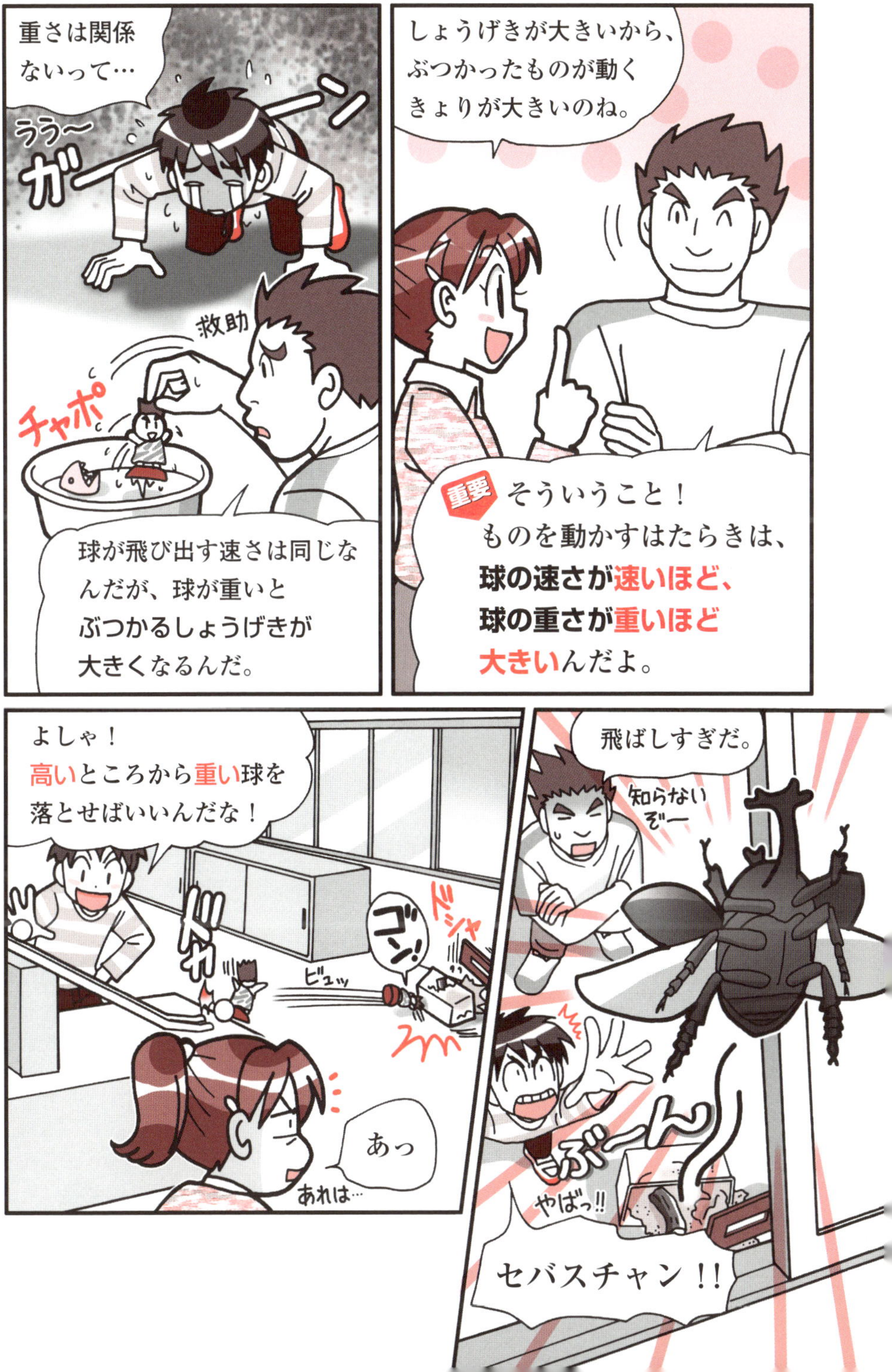
重さは関係
ないって…
うう～
ガーン
救助
チャポ
球が飛び出す速さは同じなんだが、球が重いと
ぶつかるしょうげきが
大きくなるんだ。
しょうげきが大きいから、
ぶつかったものが動く
きょりが大きいのね。
重要
そういうこと！
ものを動かすはたらきは、
球の速さが速いほど、
球の重さが重いほど
大きいんだよ。
よしゃ！
高いところから重い球を
落とせばいいんだな！
ドキ
ビュッ
ゴン！
ドシャ
あっ
あれは…
飛ばしすぎだ。
知らない
ぞー
ぶーん
やばっ!!
セバスチャン!!

重要ポイントのまとめ ▶▶▶ おもりのはたらき

1 ふりことは
- おもりを糸につるし、糸の上のはしを固定しておもりをふらせたものを、ふりこという。

（図）
- ふれはじめの位置＝最も高い位置
- ふれはじめと同じ高さ
- 速さは0
- 速さは0
- 最も低い位置＝速さ最大
- だんだん速くなる
- だんだんおそくなる

2 ふりこのきまり
- 両はしの位置…おもりの位置は最も高い。速さは0（一瞬止まる）。
- 【基本】最も低い位置…おもりの速さは最大。
- 【重要】おもりが1往復する時間…ふりこ（糸）の長さが長いほど、1往復の時間も長い。おもりの重さとふれはばは関係しない。

3 おもりの動きとはたらき
- しゃ面上で球を転がすときの水平面での速さ…AのほうがBより速い。X、Yは同じ。
- 【重要】物体を動かすはたらき…おもりの重さが重いほど、速さが速いほど大。

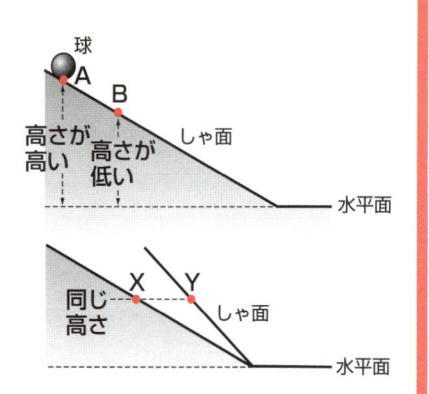

（図）
- 球 A
- B
- 高さが高い
- 高さが低い
- しゃ面
- 水平面
- X Y
- 同じ高さ
- しゃ面
- 水平面

入試に役立つ　ふりこのふれはばとおもりのふれる速さ

ふれはばを大きくすると、同じ時間（1往復する時間は同じ）で長い道のりを移動する。→おもりの速さは速くなる。

第1章 力と運動

まんがのおさらい ▶▶▶
基本例題で確認

右の図のようなしゃ面の上からおもりを転がして、水平面上の木へんに当て、木へんが動いたきょり x〔cm〕をはかりました。

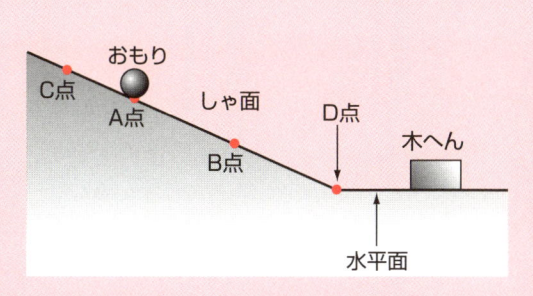

(1) D点でのおもりの速さが最も速いのは、A、B、Cのどの点からおもりを転がしたときですか。記号で答えなさい。

(2) おもりの重さを50g、100g、200gと変えてA、B、Cの各点から転がしました。xの値が最も大きいのは、何gのおもりをどの点から転がしたときですか。

解き方 ▶▶▶

(1) ①おもりがしゃ面を転がり下りるとき、おもりの速さは、おもりが転がり下りた**高さだけ**で決まります。

②転がしはじめる位置が**高いほど**、おもりの水平面上での速さは**速く**なります。

答え C点

(2) ①おもりが木へんを動かすはたらきは、**おもりの重さ**と、**木へんにぶつかる直前の速さ**で決まります。

②おもりの重さが**重いほど**、また、おもりの速さが**速いほど**、木へんを動かすはたらきは**大きく**なります。

③最も高いC点から、最も重いおもりを転がした場合です。

答え 200gのおもりをC点から転がしたとき

95

入試問題に挑戦!! おもりのはたらき

1 ふりこ

次の図1～図4のように、アルミニウムの球Aと鉄の球Bに長さのちがう糸をつけ、ふれはばを変えてふりこのふれ方を調べました。次の問いに答えなさい。

〈東山中改題〉

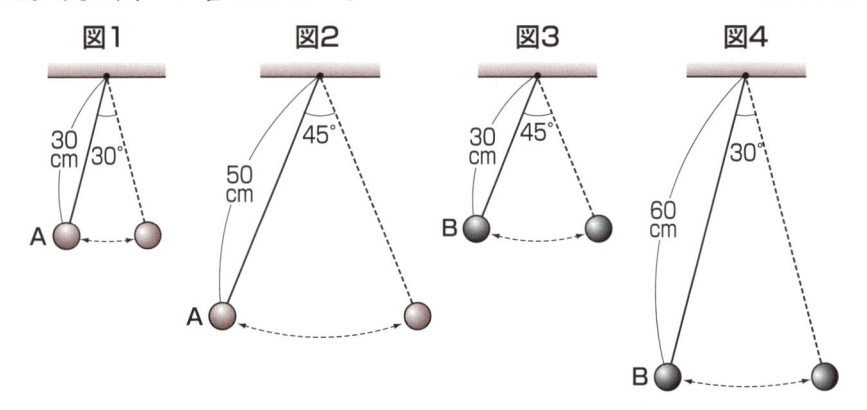

図1：30cm、30°、A
図2：50cm、45°、A
図3：30cm、45°、B
図4：60cm、30°、B

(1) 図1と図3で、おもりがいちばん下にきたときの速さを比べると、どちらが速いですか。〔　　〕

　ア．図1　　イ．図3　　ウ．同じ

(2) 図2と図4で、1往復する時間を比べると、どちらが長いですか。〔　　〕

　ア．図2　　イ．図4　　ウ．同じ

(3) ふりこが1分間にふれる回数が**最も少ない**のはどのふりこですか。〔　　〕

　ア．図1　　イ．図2　　ウ．図3　　エ．図4

> **ヒント!!**
> 1 (3) 1往復する時間が長いほど、1分間にふれる回数は少ない。

2 おもりの動きとはたらき

　図のようなレールを作って、A点からガラス球を転がしました。ガラス球はB点から飛び出してゆかの上に落ちました。このとき、台のはしからガラス球の落下点までのきょりをはかると、13cmありました。

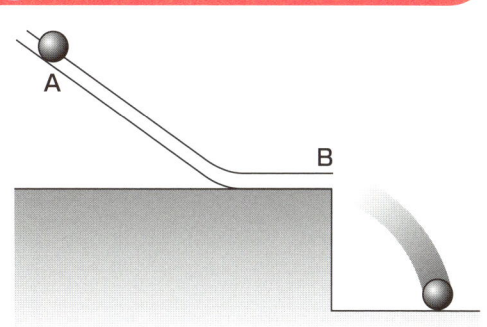

〈清風南海中改題〉

(1) ガラス球のかわりに、同じ大きさで重い鉄球を使うと、台のはしから鉄球の落下点までのきょりはどうなりますか。

　ア．13cmより短い。　　イ．13cm　　ウ．13cmより長い。

〔　　　〕

(2) レールのかたむきをゆるくしてA点からガラス球を転がしました。台のはしから落下点までのきょりはどうなりますか。

　ア．13cmより短い。　　イ．13cm　　ウ．13cmより長い。

〔　　　〕

(3) レールのかたむきを元にもどし、B点に(1)の鉄球を置き、A点からガラス球を転がしてぶつけました。鉄球の落下点までのきょりはどうなりますか。

　ア．13cmより短い。　　イ．13cm　　ウ．13cmより長い。

〔　　　〕

ヒント!!

2 (2)、(3)ガラス球や鉄球がB点を飛び出す速さは、おそくなる。

めざせ難関校!! ハイレベル総合問題 ▶▶▶ 力と運動

答えと解説…158ページ

1 赤、青、白のひもが1本ずつあり、それぞれのひもは、次に示す大きさをこえた力がはたらくと、切れるものとします。

赤いひも…9kg
青いひも…5kg
白いひも…3kg

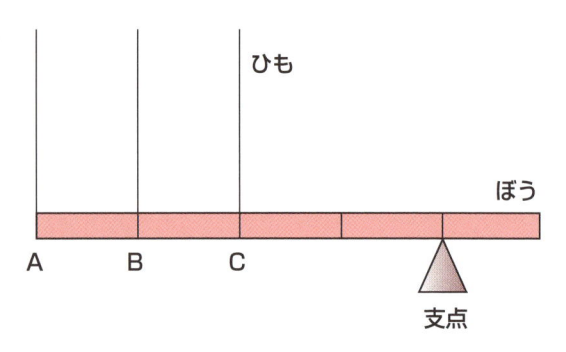

右上の図のように、長さ5m（1mごとに線が引いてあります）で、重さが2kgの太さの一様なぼうの、右はしから1mの位置を支点とするものとして、次の問いに答えなさい。ただし、ぼうの重さはぼうのまん中の1点（重心）に集まってはたらくと考えます。

〈愛光中改題〉

(1) ぼうの左はしAには赤いひも、Aから右に1mの位置Bには青いひもをつないで、2本のひもが切れないようにぼうを支えるとき、左はしAに最大で何kgの重さのおもりをつるすことができますか。

〔　　　　kg〕

次に、左はしAには青いひも、Bの位置には赤いひも、Aから右に2mの位置Cには白いひもをそれぞれつないで、ぼうにつるした17kgのおもりを支点から左側に向かって0.5mおきに移動させます。

(2) 3本のひもが同時に切れるのは、おもりが支点から何mの位置にきたときですか。

〔　　　　m〕

ヒント!!

1 (2)青、赤、白の各ひもが切れないでたえられるモーメントの大きさは、5×4＋9×3＋3×2＝53まで。

→ぼうを回すはたらき

第1章 力と運動

2

面の上をなめらかに運動できる台車を用いて、次のような実験をしました。これについて、あとの問いに答えなさい。

[実験] 下の図1の①～③のように、長さが異なるしゃ面とそれに続く水平面を用意し、台車を点Oから静かにはなしました。点Oは、①～③のすべてで水平面から4.9 mの高さにあり、しゃ面と水平面は点Sでなめらかにつながっています。また、STのきょりはすべて等しいものとします。台車は①～③のどの場合にもなめらかに運動しました。下の図2は、台車をはなしたときからの時間と台車の速さの関係をグラフに表したものです。なお、①では、台車をはなしてから5秒後に台車が点Tに達しました。

〈鷗友学園女子中改題〉

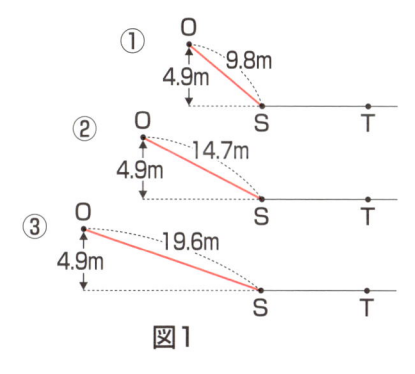

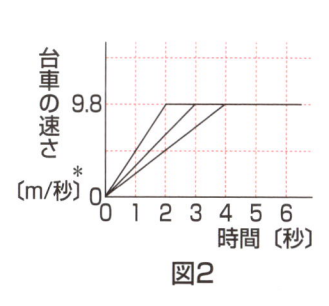

図1

図2

(1) STのきょりは何mですか。必要ならば、小数第2位を四捨五入し、小数第1位までの数字で答えなさい。〔   m〕

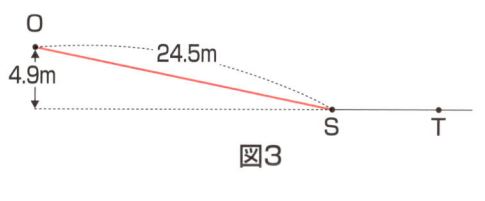

図3

(2) 右上の図3のように、点Oの高さとSTのきょりは変えず、しゃ面の長さだけを24.5 mにして同じ実験をしました。台車をはなしてから点Tに達するまでの時間は何秒になりましたか。必要ならば、小数第2位を四捨五入し、小数第1位までの数字で答えなさい。

〔   秒〕

ヒント!!

2 (2) しゃ面の長さが4.9 m増えると、速さが一定になるまで1秒長くかかっている。

* m/秒（メートル毎秒）…速さの単位。1秒間に進むきょり。

実験器具の使い方 — 上皿てんびんの使い方

準備

① **水平**な台の上に置く。
② 正面から針を見て、**左右に同じはば**でふれているか確かめる。
③ 針が同じはばでふれていないときは、**調節ねじ**（調整ねじ）を回して、左右同じはばでふれるようにする。

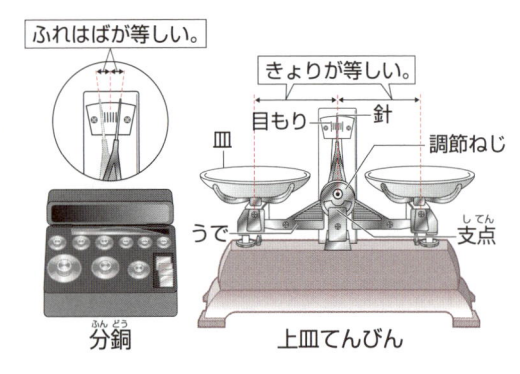

●ものの重さをはかるとき　右ききの場合

① はかろうとするものを**左**の皿にのせ、それより少し**重そうな分銅**を**右**の皿にのせる。
② 分銅が重ければ、**次に軽い分銅にかえる**。分銅が軽ければ、**次に軽い分銅を加える**。
③ 針が<mark>左右に同じはばでふれるときがつり合ったとき</mark>。つり合ったら、分銅の重さを合計する。

★分銅の上げ下ろしや、はかるものの量を調節する操作を、**きき手側の皿**で行うと操作しやすい。

●決めた重さをはかりとるとき　右ききの場合

① 左右の皿に同じ重さの入れものをのせる。（粉をはかりとるときは、**薬包紙**を使う。）
② はかりとりたい重さの分の分銅を、**左**の皿（入れもの）にのせる。
③ **右**の皿（入れもの）に、はかりとりたいものを少しずつ加え、つり合わせる。

※左ききの人は、左右を反対にして使う。

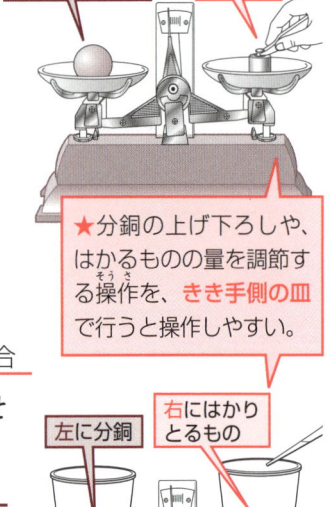

第 2 章 ▶▶▶ 電 気

1	電球のつなぎ方	103
2	豆電球とかん電池	110
3	電流のはたらき	122
4	電磁石のはたらき	136
5	モーターを作ろう	142

第 2 章　電　気

1 電球のつなぎ方

電気担当の轟です。よろしくね。

ふつーの先生だー…

やさしそうな先生！

さて、わたしたちは、毎日便利に電気を使っていますね。

この照明もスイッチひとつでついたり消えたり…

パッ　パチ！

今日は、この豆電球とかん電池を使って明かりがつくしくみを調べてみましょう。

まず、ユウトくん、この豆電球に明かりをつけてちょうだい。

オレ⁉

第2章 電気

OK！スイッチオン！

あれ？つかない。おかしいなぁ。

……。

電池は新しいし、導線はつながっているし…なんで？

あ、ソケットがゆるんでた。

なんだ。

豆電球
ソケット

ソケットをきちんとしめることで、豆電球へ流れる電気の通り道ができるのね。

重要 電気の通り道が、輪のようにつながらないといけないのよね。

ついた！

ぐるりと

これを「回路図」という図にするとこうなります。

用語 回路…電気が流れる道すじ。かん電池の＋極から、豆電球などを通って、－極へ流れる。
電流…電気の流れ。

1 電球のつなぎ方

★回路図

電気は、＋から－へ矢印のように流れるのね。

かん電池の向きで＋－がわかるね。

長いほうが＋か

※スイッチが入っていないときの図

では、この回路図のように、実際に作ってみてごらんなさい。

えーと、電池が2つ、電球も2つ…

導線がふたまたに分かれるわけだ…

電池は＋を右側にしてまっすぐに並んでいるのよね…

回路で用いる記号　電池　豆電球　スイッチ　導線　導線　電流計
（つながっている）（つながっていない）

※スイッチについては、スイッチがあることをはっきり表示するため、おもに下の記号を用いて説明しています。

第2章 電気

ユウトくん、これはわざとかしら…

三つ編み…

えっ!?

ゴロゴロゴロ

あれ？急に雲行きが…

ピカゴロ

ドッシャー

電気でふざけてはいけませーーん!!

ヒ〜ッ ごめんなさーい!!

やっぱりフツーの先生じゃなかったー

あらっ？ 今雷が落ちたかしら？

そういえば雷も電気の流れのひとつね。

雲に電気がたまって、一気に電流が流れる現象(げんしょう)よ。

もう晴れてるし

う〜

マメ知識 ▶ 雷のように、たまっていた電気が流れ出す現象や、空間を電気が移動(いどう)する現象を**放電**(ほうでん)という。

1 電球のつなぎ方

こ、これでどうでしょう。

ビクビク
ススス

よくできたわね。導線がふたまたに分かれていても、それぞれが輪になっていれば、明かりがつくのよ。

どうしたの もっとこっちに いらっしゃい

では、ちょっと難しい問題に挑戦してみましょう。

問題

階段のスイッチは、階段の上と下どちらでも明かりをつけたり消したりすることができるようになっています。このスイッチは、どのようにつながっていますか。

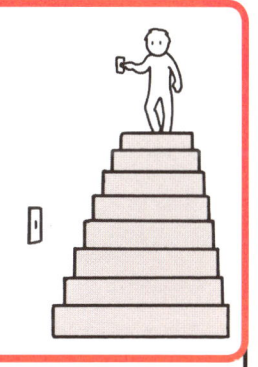

ヘー 便利なスイッチ！

ふつうでは？

豆電球とかん電池の回路におきかえてかいてみて。

はーい！こうだよね？

マメ知識 豆電球がつかない回路
● ショート回路（116ページ参照）
● かん電池が逆向き

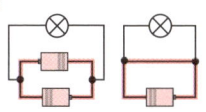

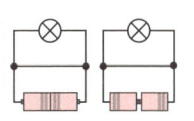

107

第2章 電気

問題 電気（電流）は、電池や電源装置の＋極と－極のどちら側からどちら側へ流れますか。〈太成学院大学中〉

1 電球のつなぎ方

109

第2章 電気

2 豆電球とかん電池

2 豆電球とかん電池

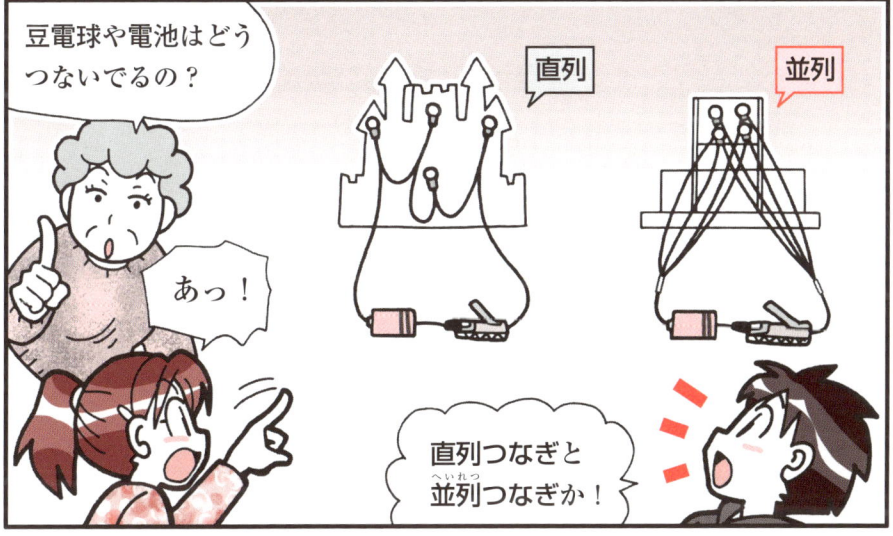

わたしのは豪華よ！

ギャハハ！ ハルカこれおばけ屋敷？

し、失礼ね！ ここにお姫様がいるでしょ！

おかしいな〜同じ電球使っているのに…

どよ〜ん

豆電球や電池はどうつないでるの？

直列

並列

あっ！

直列つなぎと並列つなぎか！

電球は、流れる電流が大きいほど明るくつくのよ。

たしか、直列と並列では、電流の流れ方がちがったような気が…

かすかなキオク…

用語
直列つなぎ…電流の通り道が1本になるつなぎ方。
並列つなぎ…電流の通り道がとちゅうで分かれているつなぎ方。

第2章 電気

では電流計を使って、電球のつなぎ方で電流がどう変わるか調べてみて。

こうか。

Ⓐ←電流計

重要 電流計は、はかりたい場所の回路を切って、間に入るようにつないでね。

▶電流計の使い方（154ページ）

電球を**直列**につなぎます。

※ mA、A は電流の単位。
1A ＝ 1000mA

重要

電球の数が増えるほど、電流が小さくなってる！

★豆電球の直列つなぎ

100mA　　$\frac{100}{2}$ mA　　$\frac{100}{3}$ mA

並列につなぐと…

電球の数を増やしても、全部 100mA だ！

重要

★豆電球の並列つなぎ

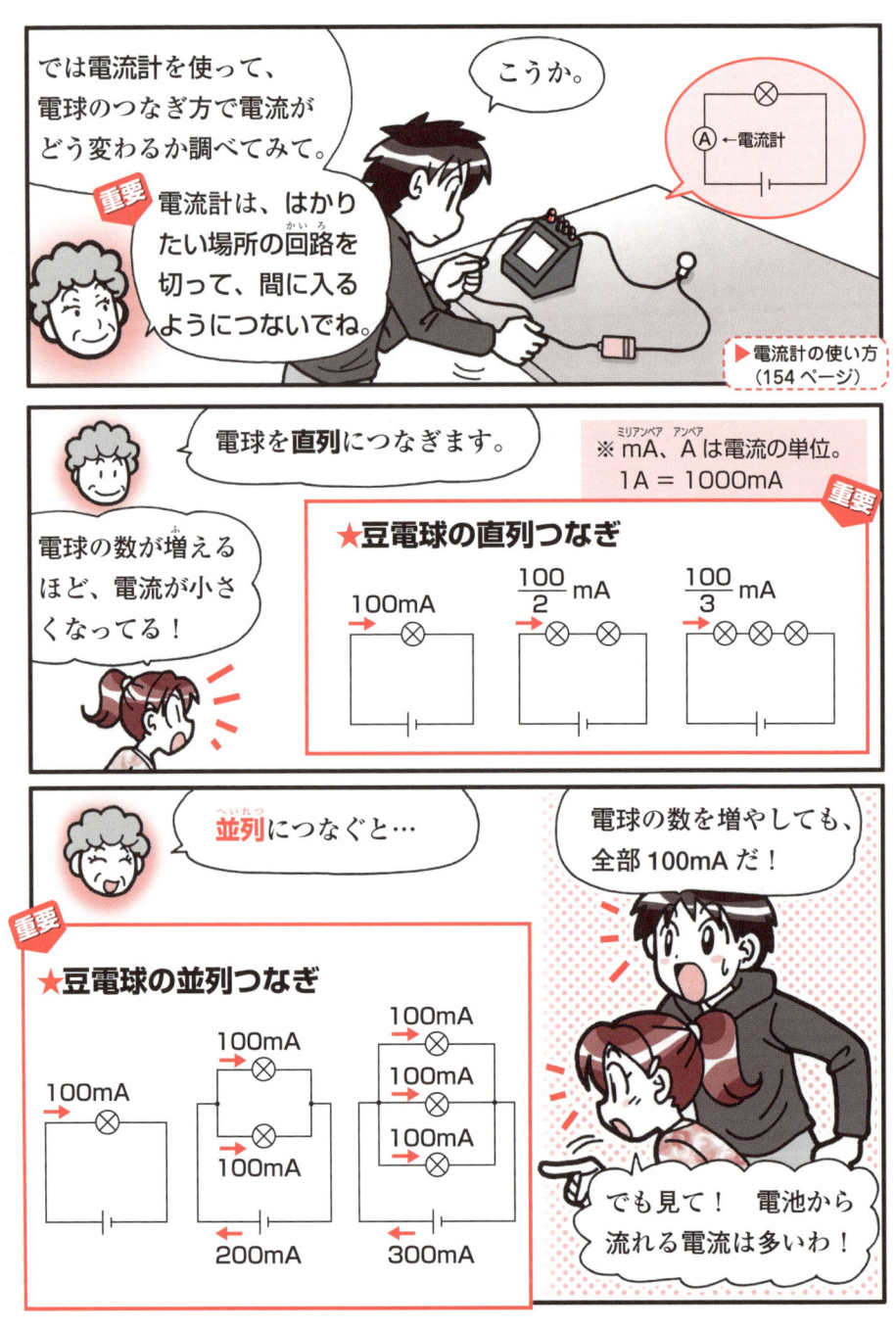

100mA

100mA
100mA
200mA

100mA
100mA
100mA
300mA

でも見て！　電池から流れる電流は多いわ！

くわしく 直列回路では、回路のどこで電流をはかっても、電流の大きさ（強さ）は同じである。
回路全体に流れる電流の大きさは、電球を2個、3個と増やすと、電流は $\frac{1}{2}$、$\frac{1}{3}$ となる。

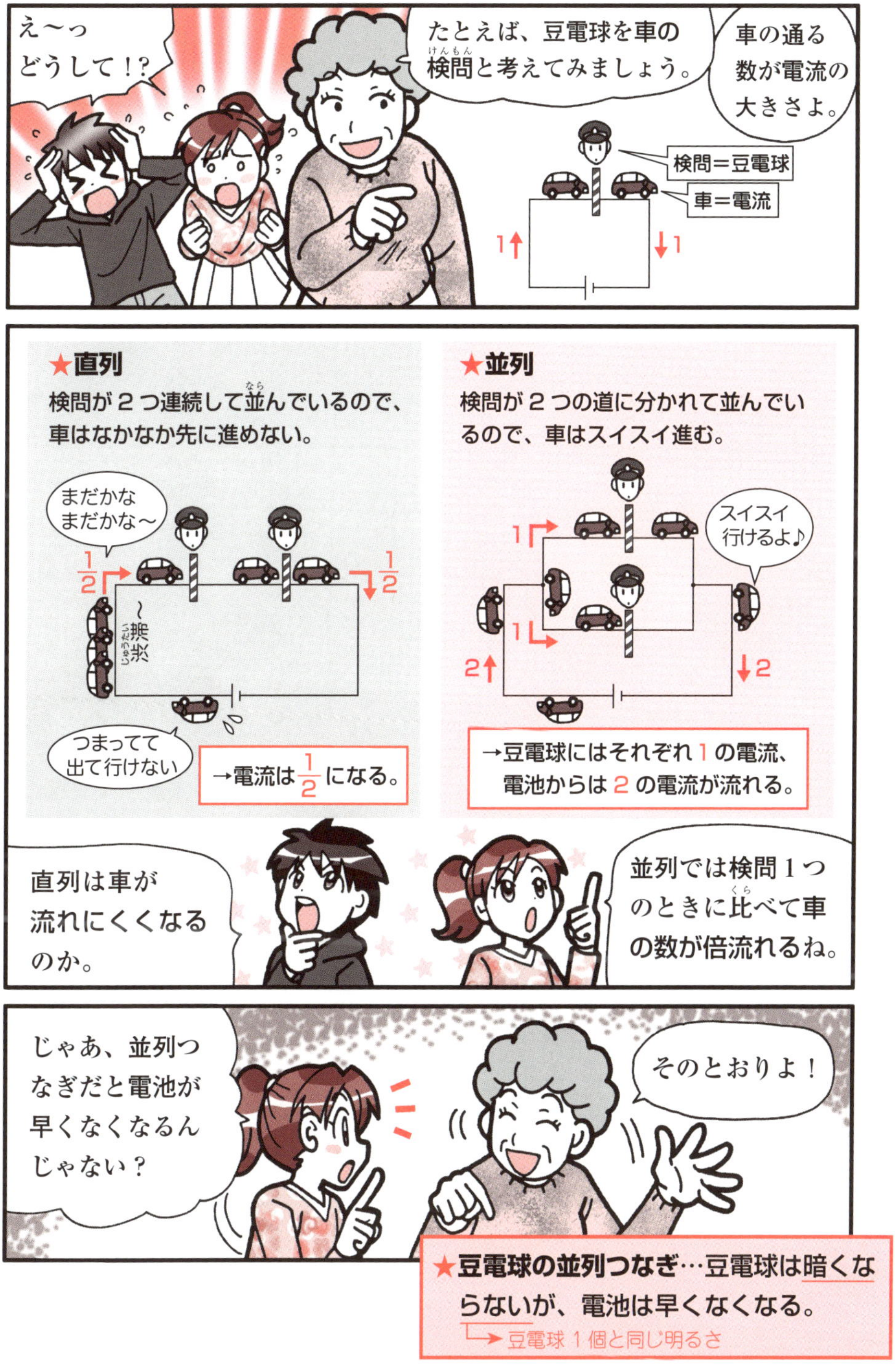
え～っ
どうして!?
たとえば、豆電球を車の検問と考えてみましょう。
車の通る数が電流の大きさよ。
検問＝豆電球
車＝電流
1
1
★直列
検問が2つ連続して並んでいるので、車はなかなか先に進めない。
まだかなまだかな～
1/2
1/2
渋滞～
つまってて出て行けない
→電流は 1/2 になる。
★並列
検問が2つの道に分かれて並んでいるので、車はスイスイ進む。
スイスイ行けるよ♪
1
1
2
2
→豆電球にはそれぞれ 1 の電流、電池からは 2 の電流が流れる。
直列は車が流れにくくなるのか。
並列では検問1つのときに比べて車の数が倍流れるね。
じゃあ、並列つなぎだと電池が早くなくなるんじゃない?
そのとおりよ!
★豆電球の並列つなぎ…豆電球は暗くならないが、電池は早くなくなる。
豆電球1個と同じ明るさ

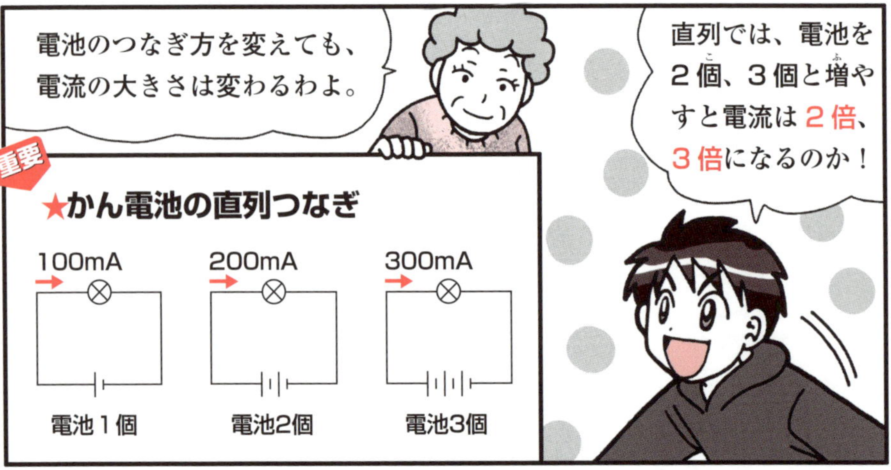

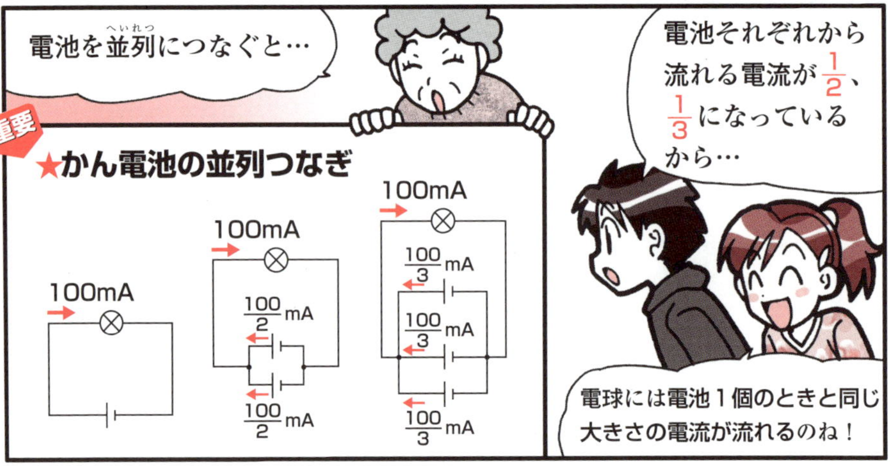

くわしく かん電池を直列につなぐと、回路に電流を流そうとするはたらき（電圧）が大きくなるので、電流は大きく（強く）なる。

2 豆電球とかん電池

では、練習問題！

電池1個に豆電球を1つつないだときの電流を「1」とすると、A〜Cの電流はそれぞれいくつでしょう。

え〜っと…電球は並列つなぎ…

だから、流れる電流の大きさはどれも同じよね？

問題

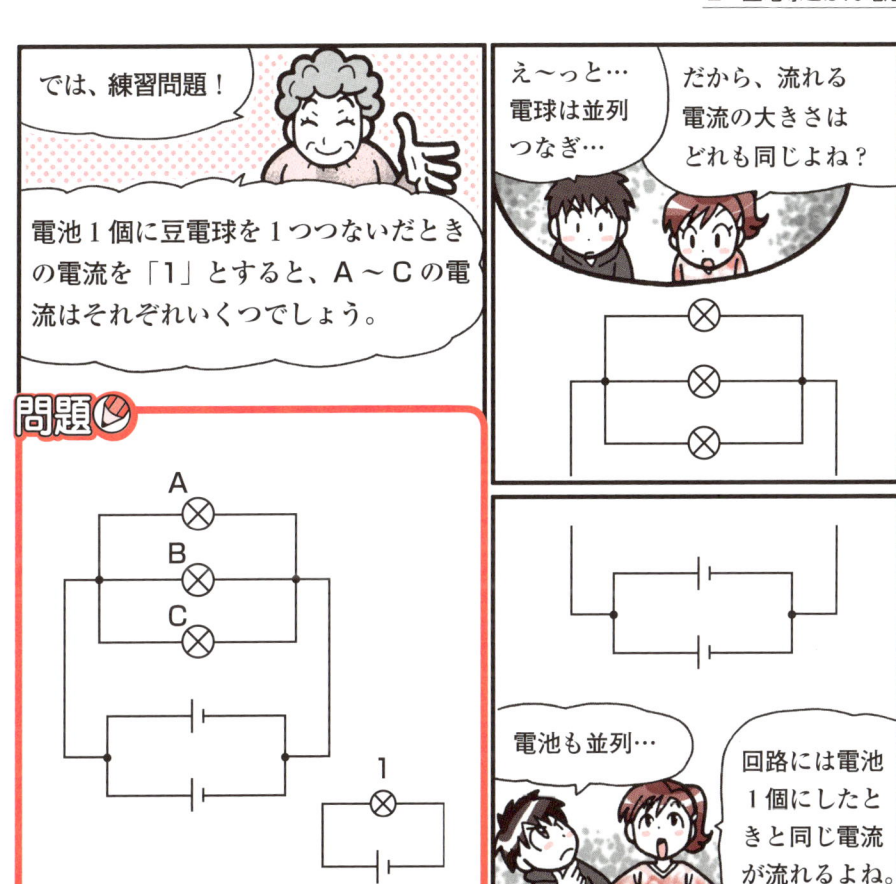

電池も並列…

回路には電池1個にしたときと同じ電流が流れるよね。

電球が並列だから回路には3の電流が流れて、それぞれの電球には…

あっ！

ハイハイ！1ずつ流れるんだ！

ハイ、よくできました！

くわしく かん電池の電流を流そうとするはたらき（電圧）は、1個が 1.5 ボルトで、2個直列につなぐと3ボルトになる。並列つなぎでは、何個つないでも 1.5 ボルトのままである。
※ボルト（記号 V）は電圧の単位。

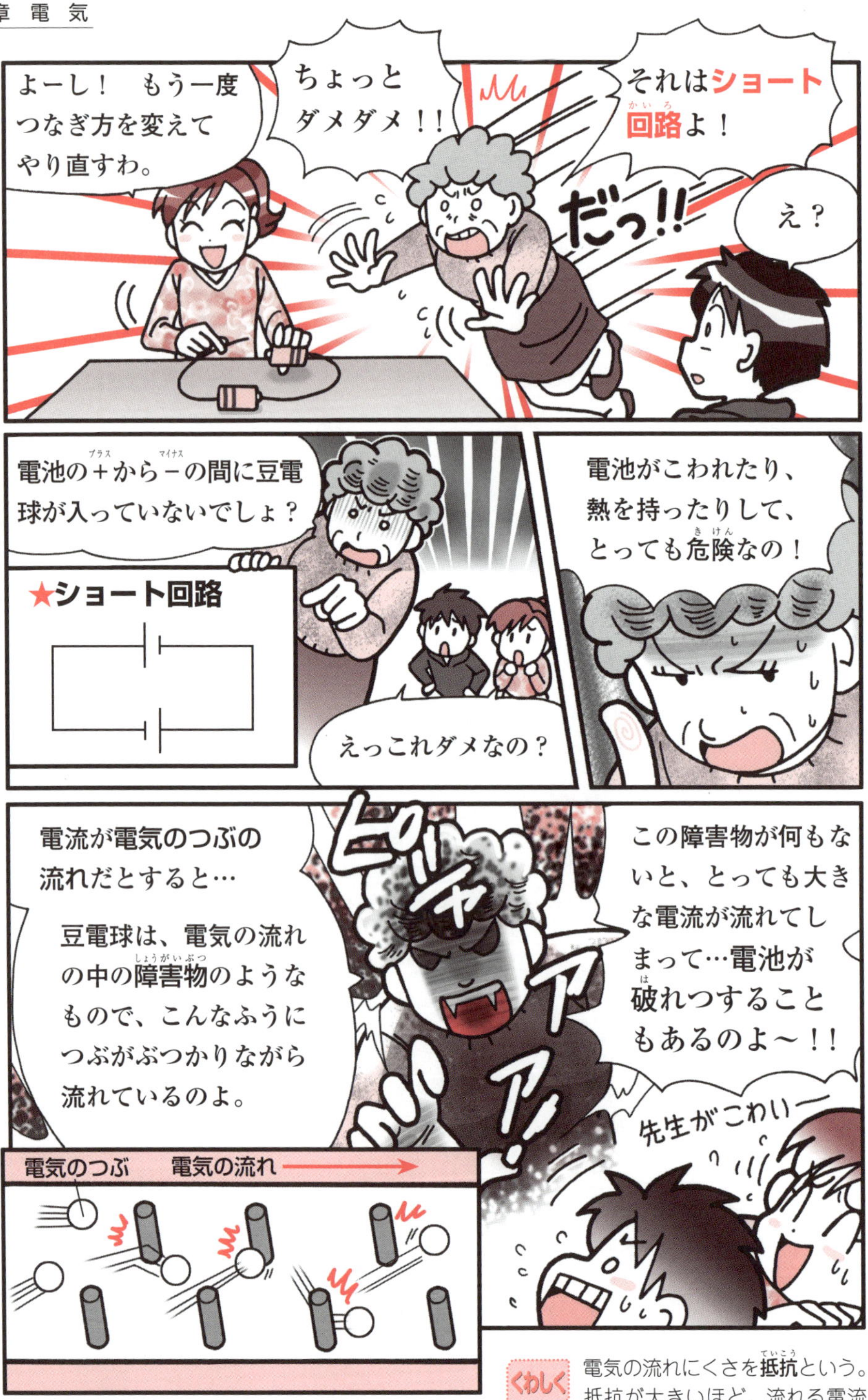

▲豆電球のイメージ

くわしく 電気の流れにくさを**抵抗**という。抵抗が大きいほど、流れる電流は小さい。

2　豆電球とかん電池

…ところでこれは豆電球と同じように障害物の役割をする**電熱線**というものよ。
電流を流すと熱が出ます。

い、いろいろな太さや長さの電熱線があるんだね。

電熱線は、**短い**ほど電流が流れやすくて…

そして**太い**ほど流れやすいのよ。

電熱線の長さ
←流れやすい！
↓流れにくい（障害がいっぱいあるから）

電熱線の太さ
↑流れやすい！
↓流れにくい（せまいから）

なるほど。障害物があると考えるとわかりやすいね！

太くて短い線に電流が流れやすいのね。

先生だったら流れやすそう…？

…何か言ったかしら…？

先生電気たまるの早すぎー！

にげろ！

> **くわしく**　電熱線に流れる電流の大きさは、電熱線の**断面積**に比例し、長さに反比例する。
> →太いほど電流大　　→短いほど電流大

重要ポイントのまとめ ▶▶▶ 電流と回路

1 電流回路（電気回路）

基本 ●回路…電流が流れる道すじ。

●回路図…電池や豆電球などを記号で表して電流回路をかいたもの。

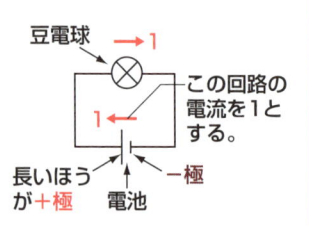

重要 ●電流回路に電流が流れるには、電流の通り道が**輪**になって閉じていなければならない。電流の方向は**＋**から**−**。

2 電池のつなぎ方と電流

●**直列**…出ていく電流の大きさは**個数に比例**。
●**並列**…1個の電池から出ていく電流は、**個数に反比例**。豆電球に流れる電流は電池1個のときと変わらない。

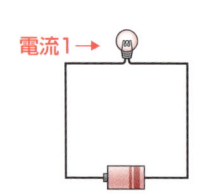

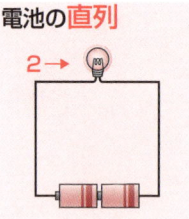

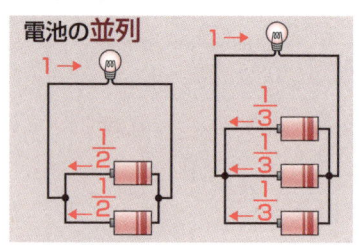

3 豆電球のつなぎ方と電流

重要 ●**直列**…豆電球に流れる電流は、豆電球の数に反比例。
●**並列**…豆電球に流れる電流は、豆電球1個のときと変わらない。

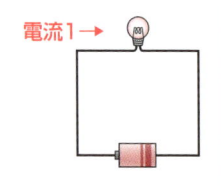

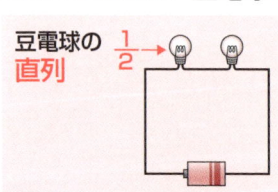

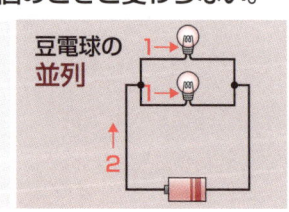

入試に役立つ　電池のじゅみょうと電流

電池のじゅみょうは流れ出ていく電流の大きさ（強さ）で比べる。出ていく電流の大きさが大きい（強い）ほど、早く使えなくなる。

第2章 電気

まんがのおさらい ▶▶▶
基本例題で確認

右の図のように電池と豆電球をつないだとき、豆電球A、B、Cに流れる電流はいくつになりますか。ただし、電池1個に豆電球1個をつないだときに流れる電流の大きさを1とします。

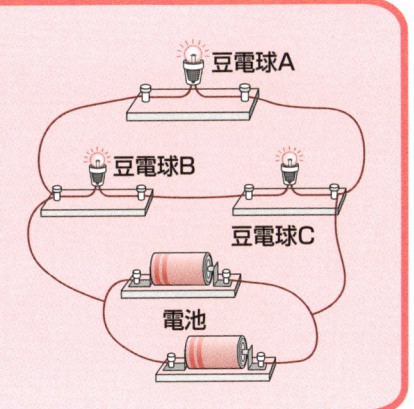

解き方 ▶▶▶

① まず、豆電球のつなぎ方を調べます。豆電球BとCは1本の通り道でつながっていますから、**直列つなぎ**です。

② 豆電球Aは、豆電球B、Cとは別の通り道を作ってつながっていますから、**並列つなぎ**です。

③ 次に、電池のつなぎ方を調べます。2個の電池は、通り道が分かれたつなぎ方になっていますから、**並列つなぎ**です。

④ 電池を並列につないだ場合は、電池が豆電球などに電流を流そうとするはたらきは電池1個のときと同じです。

⑤ 並列つなぎの豆電球に流れる電流の大きさは、その豆電球だけを電池につないだときと同じ大きさになります。豆電球Aには、1個の電池にAを1個だけつないだときと同じ1の大きさの電流が流れます。

⑥ 豆電球BとCには、1個の電池に豆電球を2個直列につないだときと同じ0.5（$\frac{1}{2}$）の大きさの電流が流れます。

答え 豆電球A…1、豆電球B、C…0.5（$\frac{1}{2}$）

入試問題に挑戦!! 電流と回路

1 豆電球のつなぎ方と明るさ

同じ豆電球と電池で、次のような回路を作りました。

〈攻玉社中改題〉

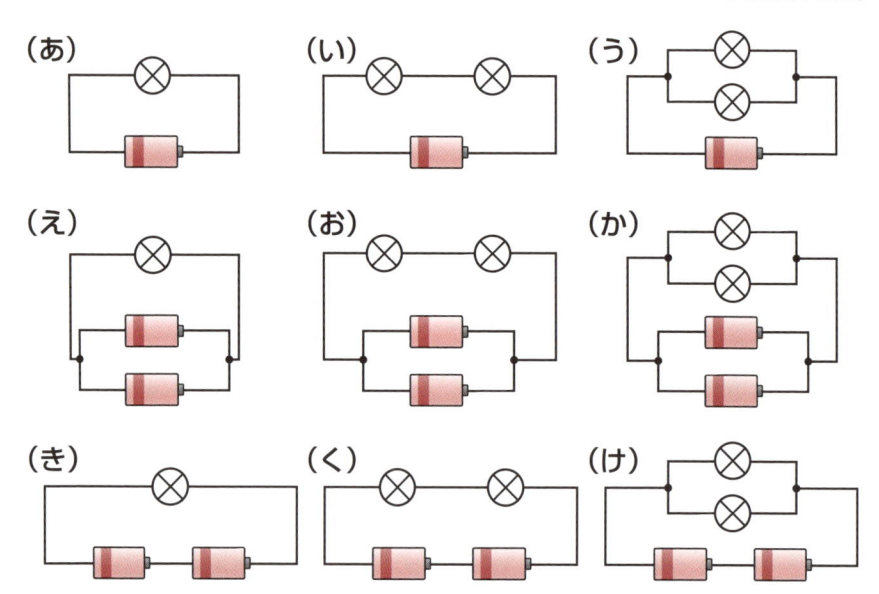

(あ) (い) (う) (え) (お) (か) (き) (く) (け)

(1) 豆電球1個の明るさが (あ) と同じになる回路はどれですか。(あ) 以外に4つ答えなさい。　〔　　　　　　〕

(2) 豆電球1個の明るさが最も明るいのはどの回路ですか。ただし、2つ以上あればすべて答えなさい。　〔　　　　　　〕

(3) 最も電池が長持ちする回路はどれですか。1つ選びなさい。　〔　　　　　　〕

ヒント

1 (2) 豆電球に流れる電流の大きさが最も大きい回路を選ぶ。
(3) 電池から出ていく電流の大きさが最も小さい回路を選ぶ。

第2章　電気

答えと解説…158ページ

2　スイッチの入れ方と電流回路

同じ豆電球やかん電池を使って、豆電球の明るさを比べる実験をしました。
〈桐蔭学園中改題〉

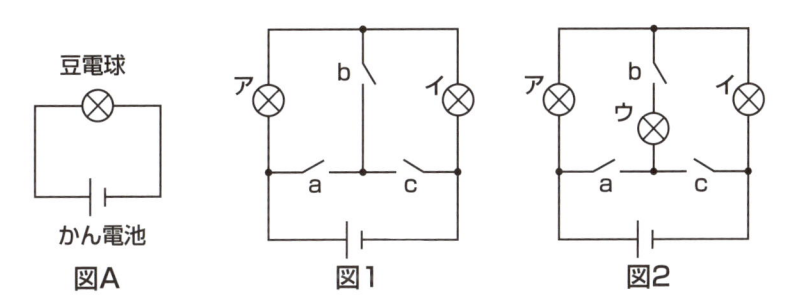

(1) 図1のような回路を作りました。スイッチa、b、cを開いているとき、豆電球アの明るさは図Aと比べてどうですか。次の中から1つ選びなさい。　〔　　　〕

① 明るい　　② 同じ　　③ 暗い

(2) 図1の豆電球イを図Aと同じ明るさでつけるには、a～cのスイッチのうちどの2つを入れるとよいですか。a～cの記号で答えなさい。　〔　　　〕

(3) 図2の回路で、スイッチaとbだけを入れると、3個の豆電球の明るさはどうなりますか。次の中から1つ選びなさい。
〔　　　〕

① アとイだけ同じ明るさ　　② アとウだけ同じ明るさ
③ イとウだけ同じ明るさ　　④ 3個とも同じ明るさ

ヒント!!

2 (2)　aとbを同時に入れると、豆電球アはつかない。

121

第2章 電気

3 電流のはたらき

今日の授業は、あそこにいるわたしの弟子が担当よ。

えっ？ 弟子？

何してるのかしら。

こんにちはー。

ども、山田です。

ガチャン

…………。

ウィーン

えーっと…

む、無口な先生ね…

グイーン

クレーンゲーム？

な、何してるんですか？

あ！わかった！磁石で鉄のかんだけをくっつけているんじゃない？

くわしく 地球は磁石になっていて、まわりに磁石の力がはたらいているので、方位磁針の針（磁石）の向きで方位を調べることができる。N極が北、S極が南を指す。

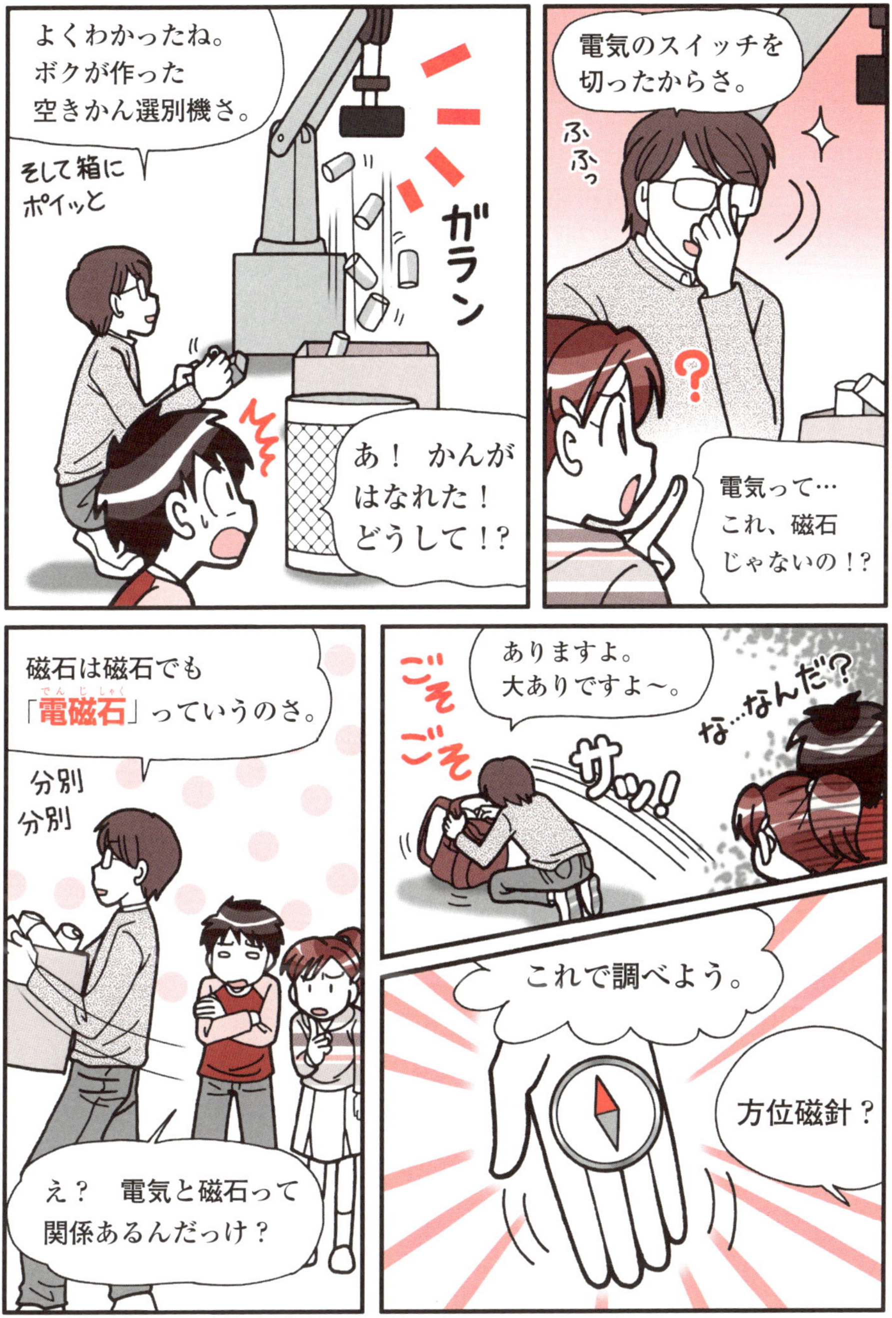

マメ知識▶ 磁石のN極、S極は、英語のNorth（ノース）（北）、South（サウス）（南）の頭文字（かしらもじ）をとった記号。

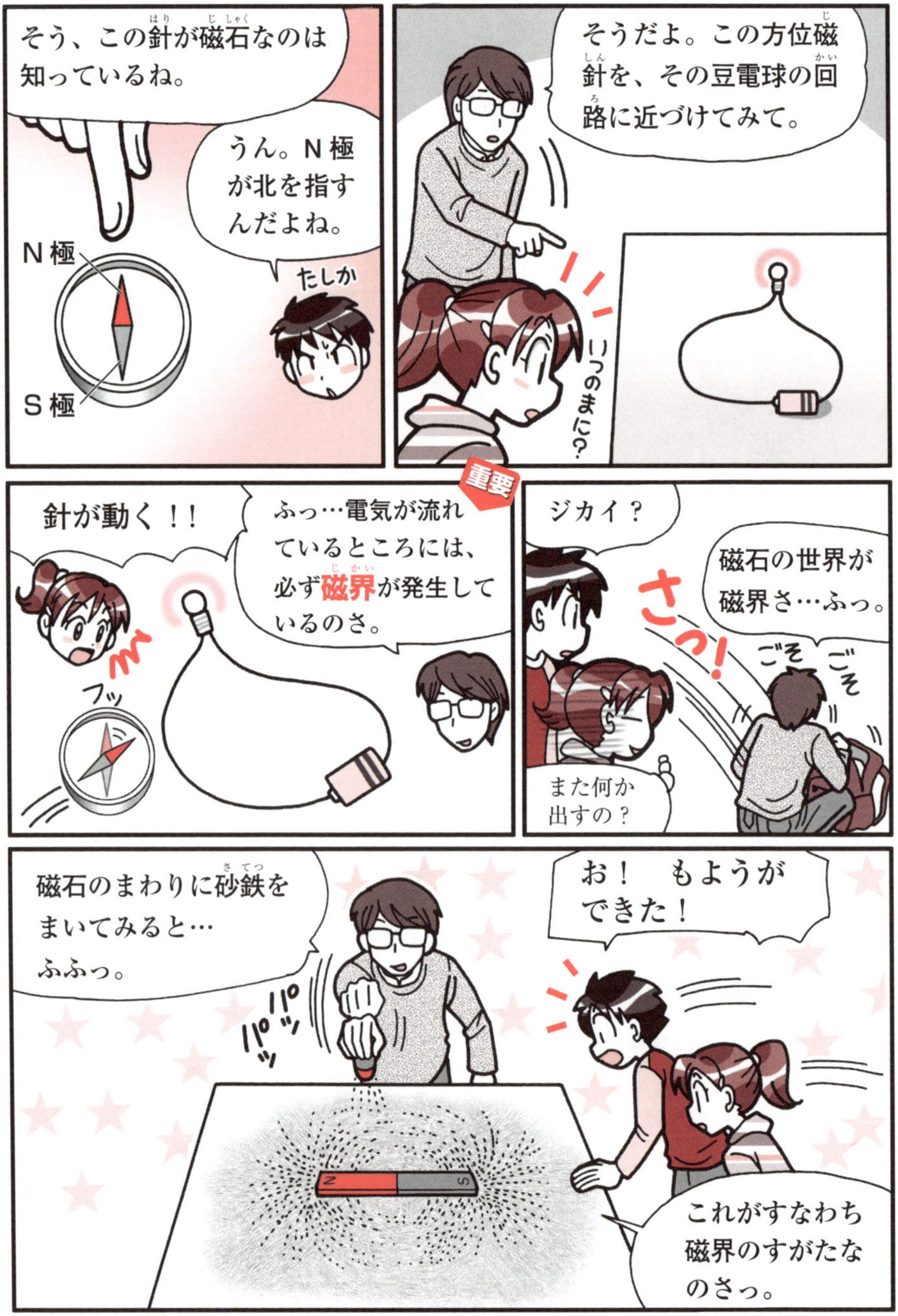

用語 **磁界**…磁石の力（磁力）がはたらいている空間。磁場ともいう。

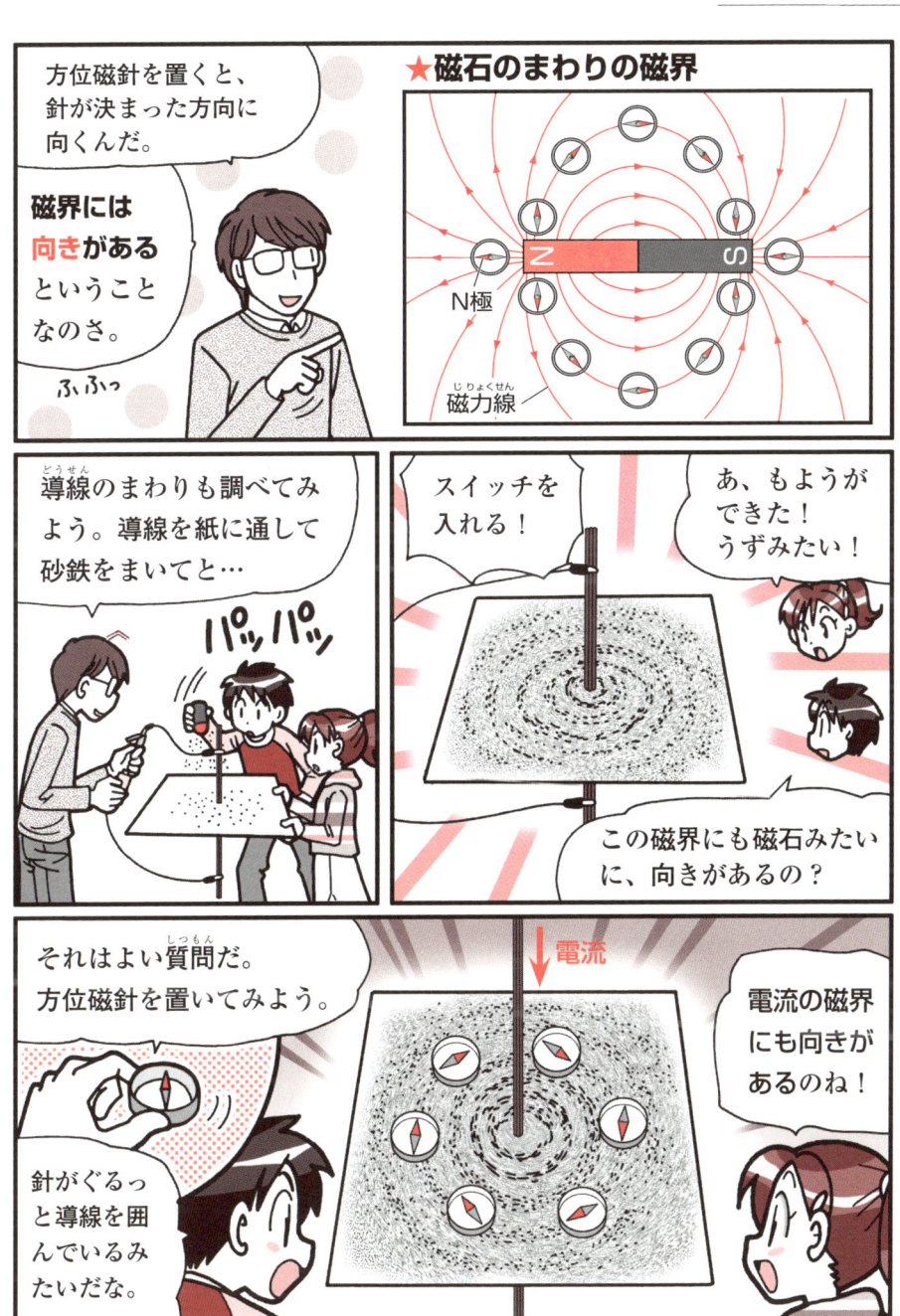

3 電流のはたらき

★磁石のまわりの磁界

方位磁針を置くと、針が決まった方向に向くんだ。

磁界には向きがあるということなのさ。

ふふっ

N極
磁力線（じりょくせん）

導線のまわりも調べてみよう。導線を紙に通して砂鉄をまいてと…

パッ パッ

スイッチを入れる！

あ、もようができた！うずみたい！

この磁界にも磁石みたいに、向きがあるの？

それはよい質問だ。方位磁針を置いてみよう。

針がぐるっと導線を囲んでいるみたいだな。

↓電流

電流の磁界にも向きがあるのね！

用語 磁力線…磁界の向きを表す線。方位磁針のN極が向いている方向に沿って線をかくと、この線が磁力線となる。磁石の磁力線は、N極から出てS極にもどるような線をえがく。

第2章 電気

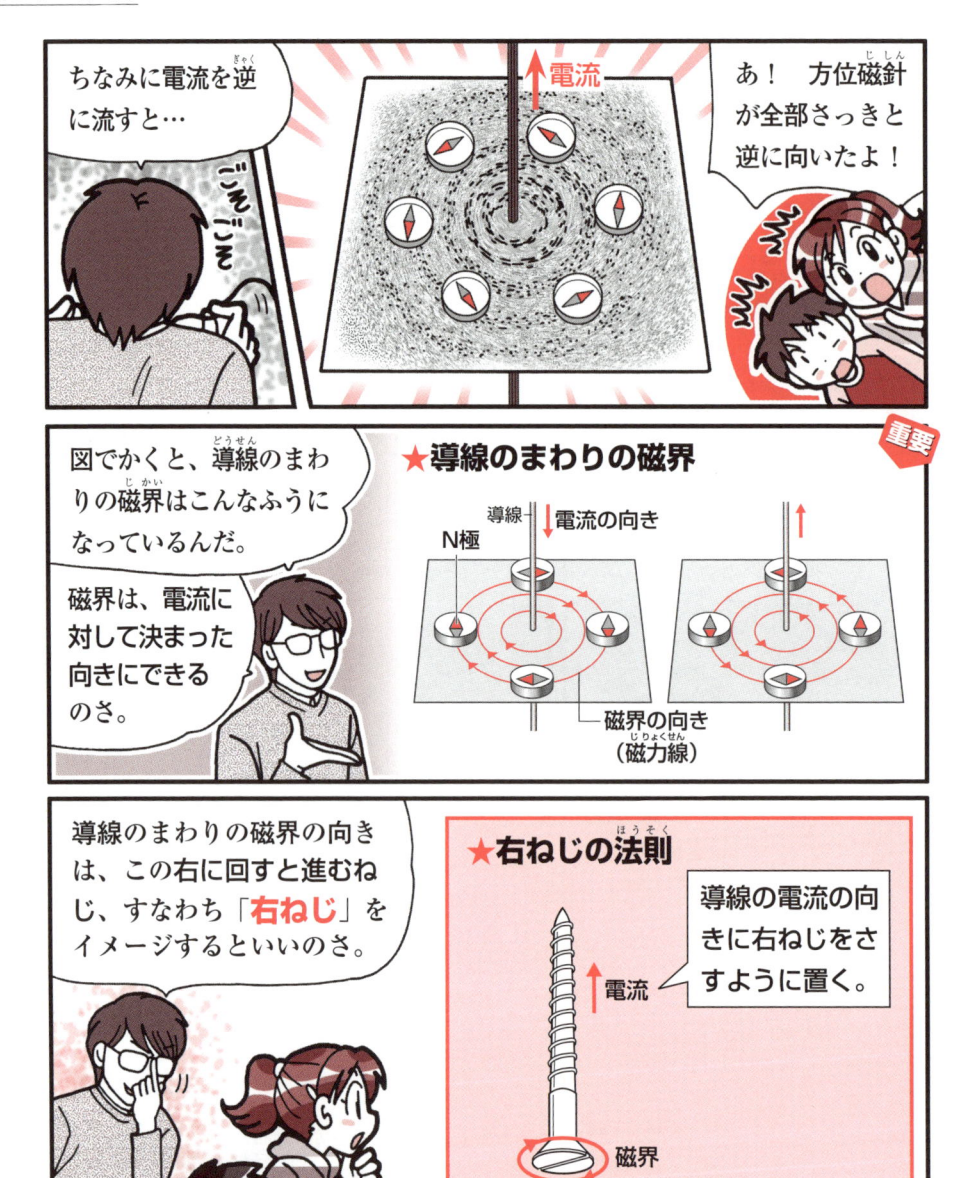

ちなみに電流を逆に流すと…

ごそごそ

↑電流

あ！ 方位磁針が全部さっきと逆に向いたよ！

図でかくと、導線のまわりの磁界はこんなふうになっているんだ。

磁界は、電流に対して決まった向きにできるのさ。

★ **導線のまわりの磁界** 重要

導線　↓電流の向き　N極

磁界の向き（磁力線）

導線のまわりの磁界の向きは、この右に回すと進むねじ、すなわち「**右ねじ**」をイメージするといいのさ。

★ **右ねじの法則**

↑電流

磁界

導線の電流の向きに右ねじをさすように置く。

ねじを頭から見たとき、**右回り**（時計回り）が磁界の向き

ねじ…

くわしく 電流が流れる向きに右手の親指を合わせてにぎると、他の4本の指の向きが磁界の向きを表す。

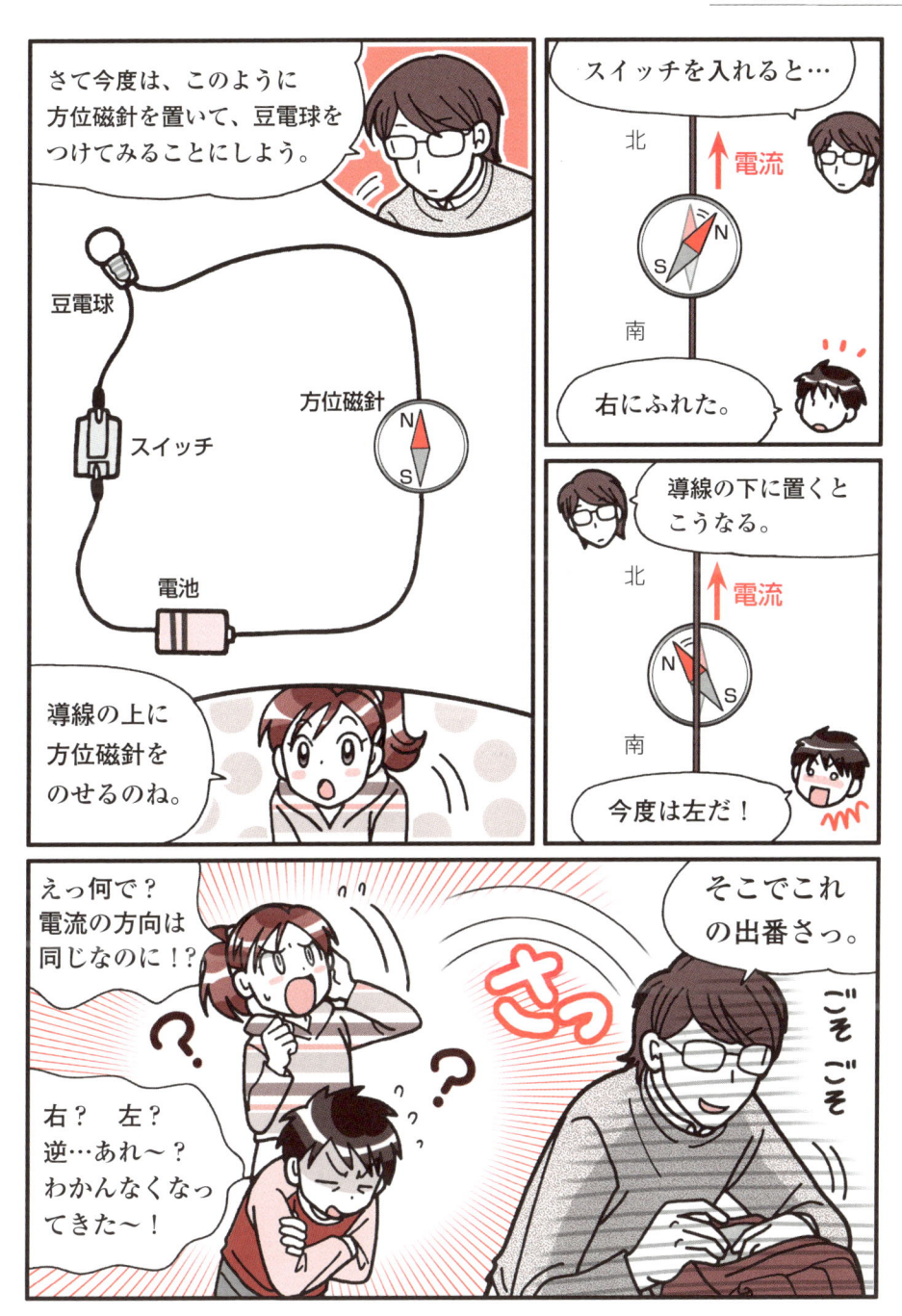

3 電流のはたらき

さて今度は、このように方位磁針を置いて、豆電球をつけてみることにしよう。

スイッチを入れると…

北 ↑電流
南

右にふれた。

豆電球
スイッチ
方位磁針
電池

導線の上に方位磁針をのせるのね。

導線の下に置くとこうなる。

北 ↑電流
南

今度は左だ！

えっ何で？電流の方向は同じなのに！？

右？ 左？ 逆…あれ〜？ わかんなくなってきた〜！

そこでこれの出番さっ。

くわしく 電流によって生じる磁界を方位磁針で調べるときは、導線を方位磁針の針の向きの南北方向に置く。電流が流れていないとき、方位磁針と導線とを平行にしておくためである。

くわしく　導線(どうせん)に電流を流すと、導線のまわりに円をえがくように磁界ができる。磁界の強さは、導線からはなれるほど弱くなっていく。

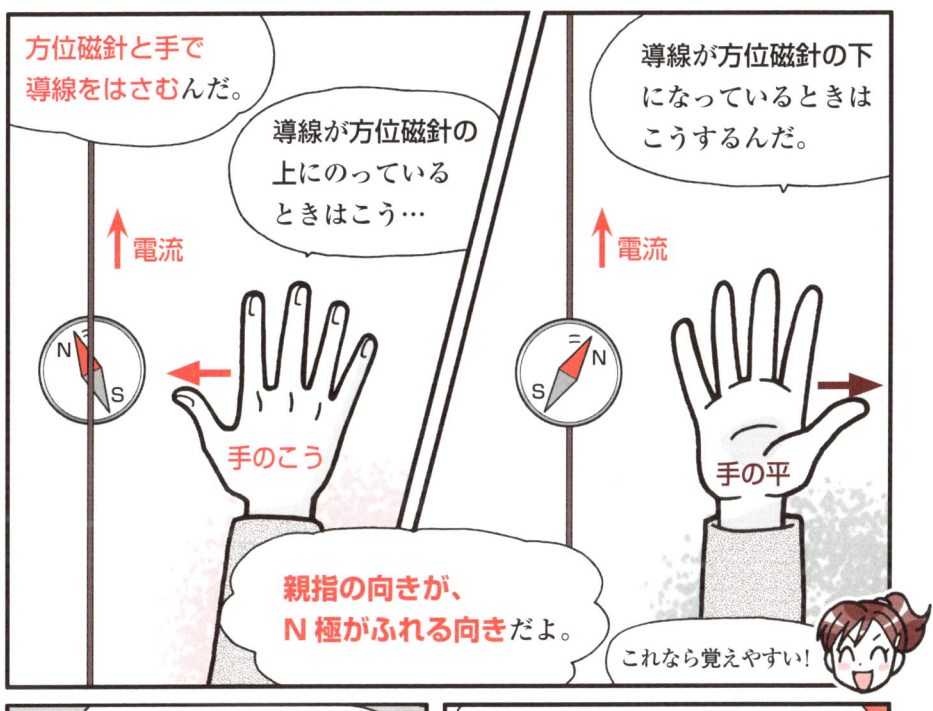

3 電流のはたらき

方位磁針と手で導線をはさむんだ。

導線が方位磁針の上にのっているときはこう…

導線が方位磁針の下になっているときはこうするんだ。

↑電流

↑電流

手のこう

手の平

親指の向きが、N極がふれる向きだよ。

これなら覚えやすい！

…あれ？ なんだか針のふれ方が弱いみたい。

あ、電球が暗いな…。電池がなくなってきたんだ。

磁界の強さは、電流の大きさに関係しているんだ。電池を新しいのにかえれば…

ホラ！

おーっ大きくふれた！

重要
電流が大きいほど、磁界は強くなるのね。

くわしく 方位磁針のふれは、電流が大きく（強く）ても、最大90°で、それ以上にはならない。

第2章 電気

問題

ではここで、問題です。図のような回路で、スイッチを入れるとA〜Cに置いた方位磁針の針の向きはどうなる？
そしてふれ方が大きいのはどれ？

1つ1つ解決していけば、簡単だよ。

よし、まずAだ。

まちがえないように電流の向きをかいて…

Aは導線が上だから、手をこうかぶせて、

ふれる向きは左ね！

Bは導線が下だから、手の平を向けて、

ふれる向きは右だ。

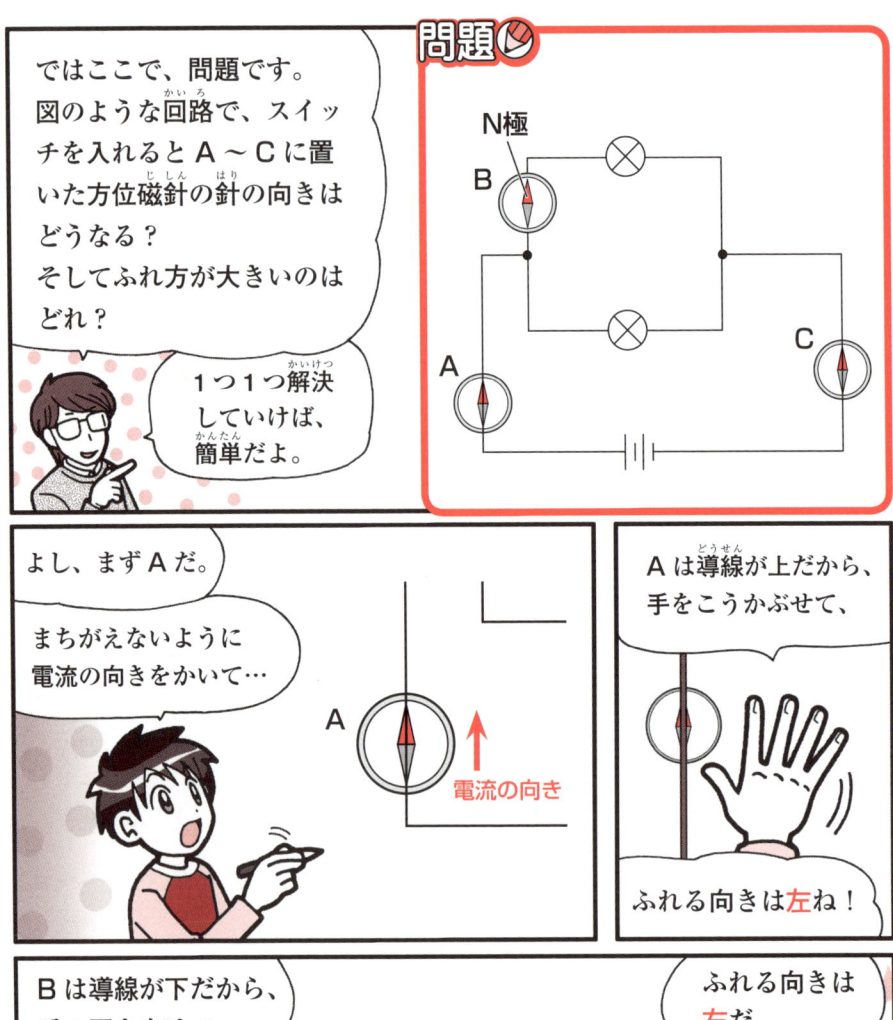

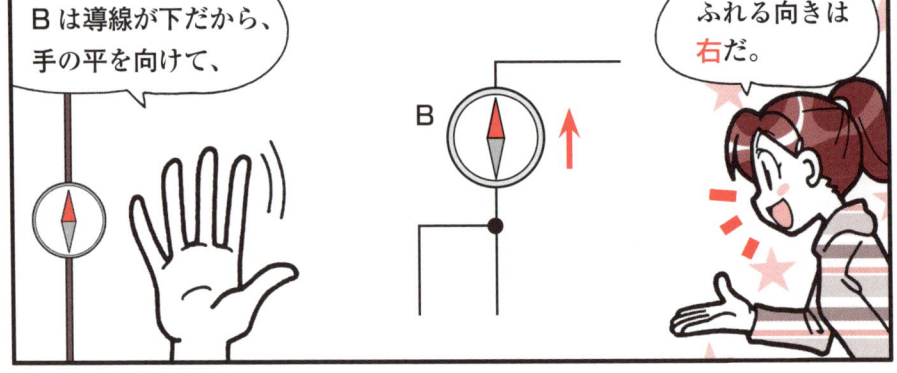

問題 導線のまわりには、電流が流れる向きに向かって、どちらの向きに磁界ができますか。
〔時計回り、反時計回り〕

3 電流のはたらき

Cは手をかぶせるけど、電流の向きが逆だから指先をこう向けて…

これも**右**にふれるのね。

ふれる大きさは？

電流の大きいほうが大きくふれるよ。

じゃあ、針のふれ方が大きいのは**AとC**！

※電流は、Aに流れる電流の大きさを**2**としたときの大きさ。

並列つなぎになっているBよりAとCのほうが電流が大きいよね。

正解〜！

は〜電気と磁石ってこんなに関係があったんだね。

自分で電磁石を作ってみるともっとよくわかるよ！

よし！明日は電磁石を作ろう！

パン!! 別人？

とにかく作るのが好きなのね。

答え 時計回り

重要ポイントのまとめ ▶▶▶ 電流のはたらき

1 電流のまわりの磁界

- 磁界…磁石の力がはたらく空間。
- 磁界の向き…方位磁針を置いたとき、N極が指す向き。
- 磁力線…各点の磁界の向きをつないでかいた曲線。

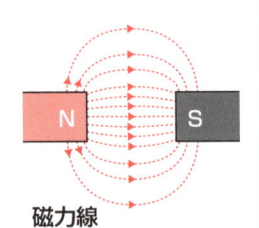

[基本] ● 電流のまわりの磁界
→右ねじを進める向きを電流の向きとすると、ねじを回す向きが磁界の向き。

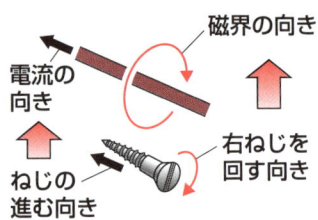

2 方位磁針のふれ方

- 電流の近くでは、方位磁針がふれる。

[重要] ● N極がふれる向きの調べ方
→右の手のひらと方位磁針で電流をはさむ。

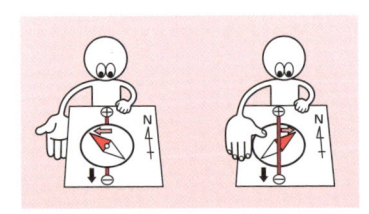

親指…N極のふれる向き
人指し指～小指…電流の向き

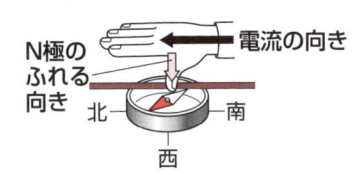

入試に役立つ　方位磁針のふれる大きさ

方位磁針に導線を巻きつけたり、磁針の上で往復させたりすると、ふれ方が変わる。

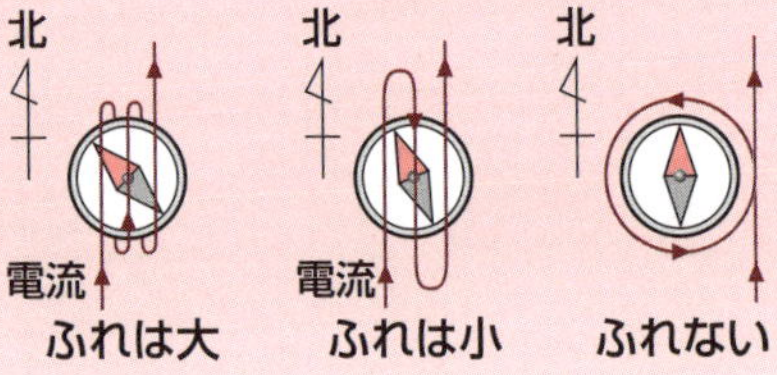

第2章 電気

まんがのおさらい ▶▶▶
基本例題で確認

> 　右の図のような回路を作り、方位磁針A、B、Cを図のような位置に置いてスイッチを入れました。ただし、A、Bは導線の下に、Cは上に置いてあります。
>
> (1) 方位磁針のN極が、東側にふれるのはどれですか。
> (2) 方位磁針のふれが最も大きいのはどれですか。

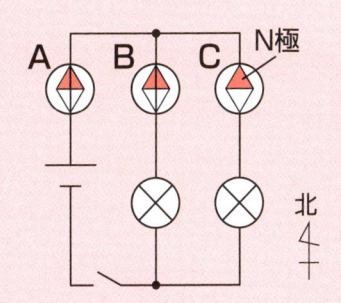

解き方 ▶▶▶

(1) ①方位磁針を置いた位置で、導線に電流が流れる向きは、Aでは南から北向き、BとCでは北から南向きです。

　②**右手と方位磁針で電流をはさむ**と、Aの方位磁針のN極がふれる向きは、右の図のように**西側**となることがわかります。

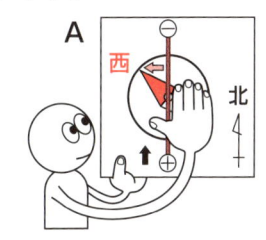

　③同じようにして、B、Cの位置でのN極のふれ方を右手で調べます。Bでは**東側**、Cでは**西側**にふれていることがわかります。

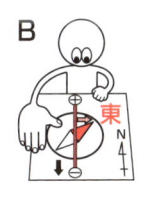

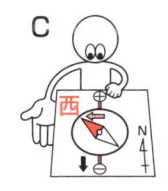

(2) ①方位磁針のふれる角度は、導線を流れる電流の大きさ（強さ）によって決まり、**電流が大きいほどふれも大きくなります**。

　②Aを流れる電流は、BとCに半分ずつ分かれて流れます。

　　　　　　　　　答え　(1) B　(2) A

133

入試問題に挑戦!! 電流のはたらき

1 電流と方位磁針のふれ

電流が流れている導線に方位磁針を近づけると針がゆれます。図1のような目もりがかいてある方位磁針を使ってその性質を調べました。なお、導線に電流が流れていないとき、方位磁針のN極は目もり「N」を指し、1本の導線に流す電流は同じ大きさとします。

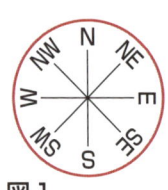

図1

〈早稲田中改題〉

[実験] 図2のように、1本の導線を南北の方向に置き、aからbの向きに電流を流したら、N極は図1のNEを指して止まった。

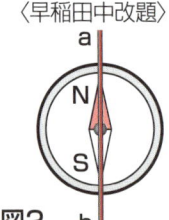

(1) 図3のように、導線を南北の方向に置き、方位磁針を上に置いてdからcの向きに電流を流しました。針のN極は図1のどの目もりを指しますか。〔　　　〕

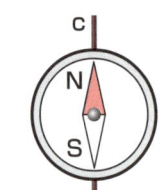

(2) 図4のように、南北方向の2本の導線の間に方位磁針を置き、上の導線にはaからbの向きに、下の導線にはcからdの向きに電流を流しました。針のN極は図1のどの目もりを指しますか。〔　　　〕

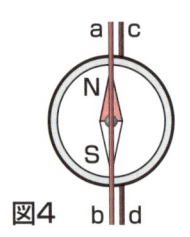

図2
図3
図4

ヒント
1 (1) 右手を使うと、右の図のようになる。方位磁針のN極は東側にふれ、電流の大きさ（強さ）は図2と同じ。
(2) 電流による磁界のはたらきが打ち消し合う。

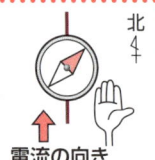

北
電流の向き

2 電流の大きさと方位磁針のふれ方

図のように、南北にはった導線の下に方位磁針を置き、針のふれの角度と電流の大きさの関係を調べました。表はその結果です。

〈東大寺学園中改題〉

表

角度	5°	10°	15°	20°	25°
電流（アンペア）	0.7	1.4	2.1	2.8	3.5

(1) 方位磁針のN極が北を指すのは、地球が1つの磁石になっているからです。北極付近には磁石の何極がありますか。

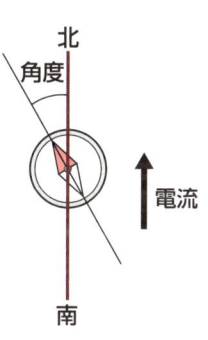

〔　　　極〕

(2) 図で、電流の大きさは変えず向きだけを変えると、針のN極はどのようにふれますか。右のア〜クから1つ選びなさい。

〔　　　〕

(3) 図で、電流の大きさを0.98アンペアにすると、N極のふれの角度は何度になると考えられますか。整数で答えなさい。

〔　　　°〕

ヒント

2 (1) 磁石のN極とS極は引き合い、N極とN極、S極とS極はしりぞけ合う。
(3) 表によると、電流の大きさとN極のふれの角度は**比例**している。

第2章 電気

4 電磁石のはたらき

では、今日は電磁石を作るよ。

電磁石は鉄をより分ける機械だけでなく…

スピーカーやエレキギターなどにも使われているよ。

ちゃっ

ひけるの？

電磁石と磁石を利用して、音を出しているのさ。

ひけてない!!

ぎゃわおーん

へー。電磁石ってそんなものにも使われているんだ！

ぼくたちは、このエナメル線を巻いて電磁石を作るよ。

サッ

なんでも入ってるなそのリュック

くわしく
電磁石…電流を流したときだけ磁力をもつ。極を入れかえられる。強さを変えられる。
永久磁石…いつでも磁力をもつ。極を入れかえられない。強さを変えられない。

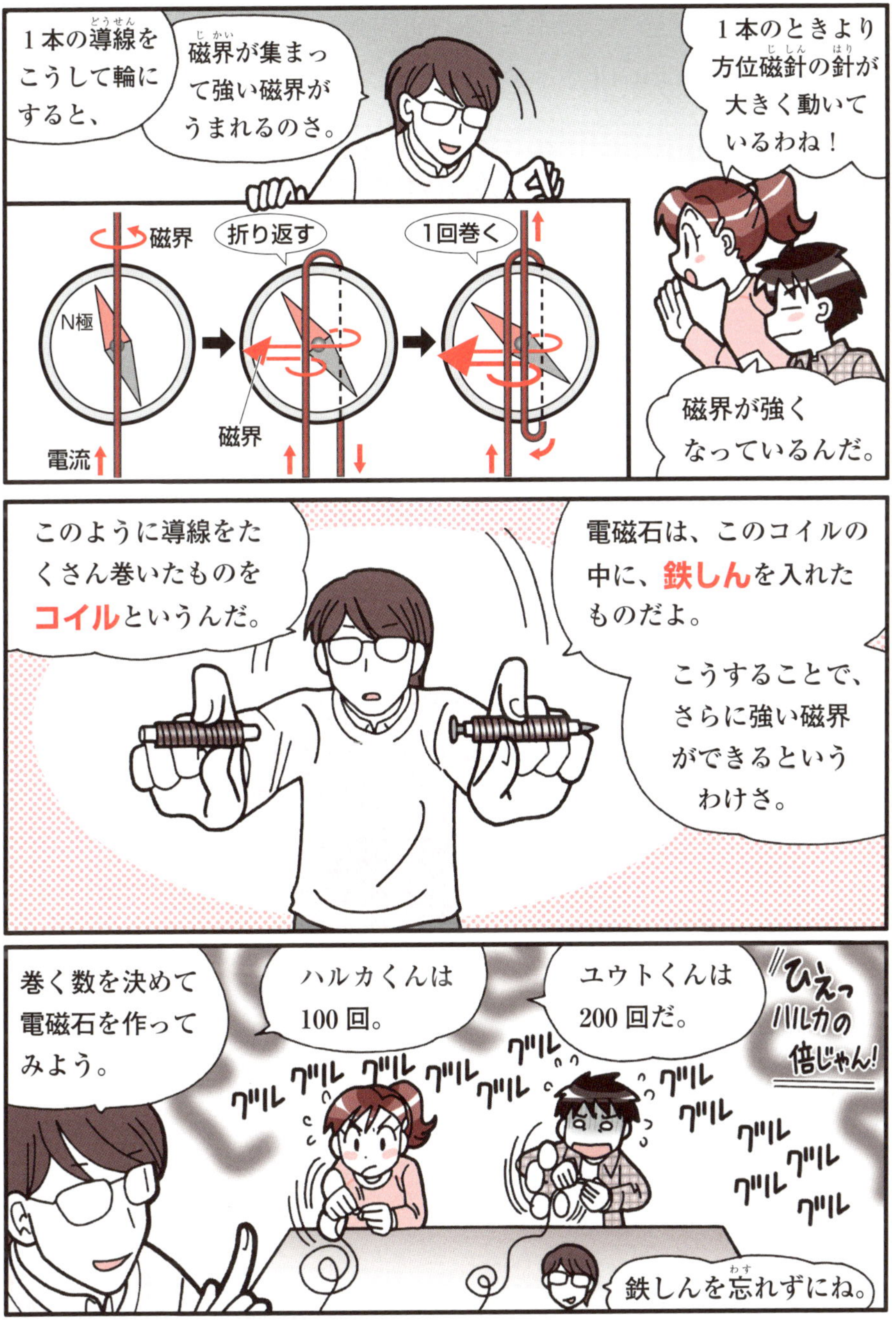

くわしく　コイルの中に鉄しんを入れると強い磁石になるのは、コイルの磁力によって、鉄しんがコイルに比べて非常に強い磁石になるからである。

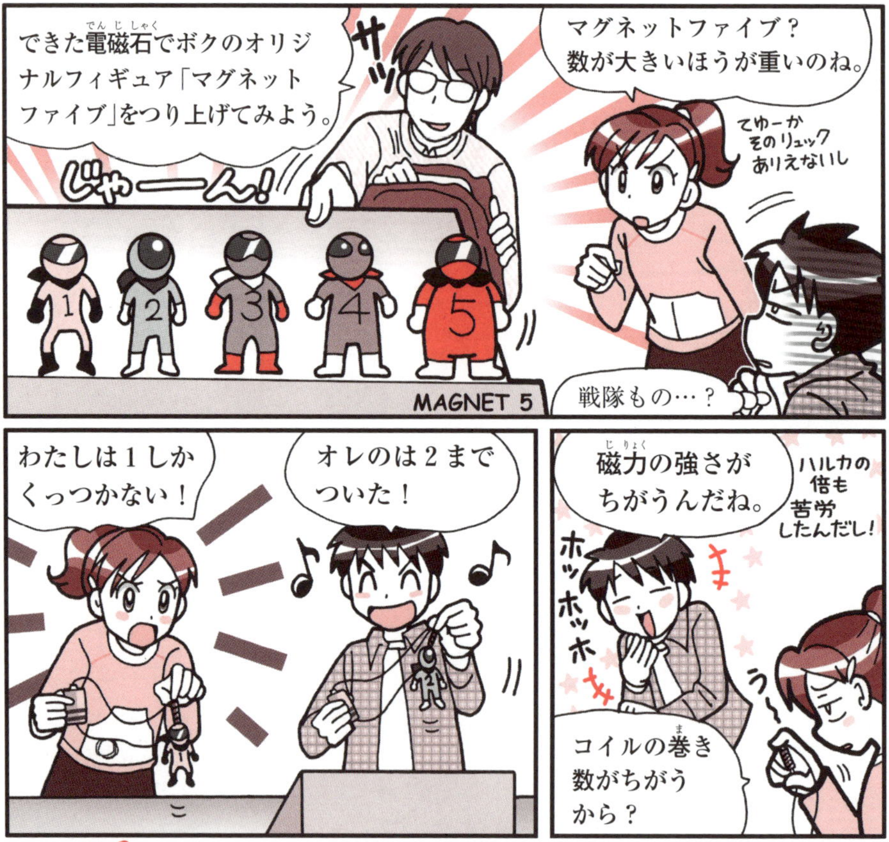

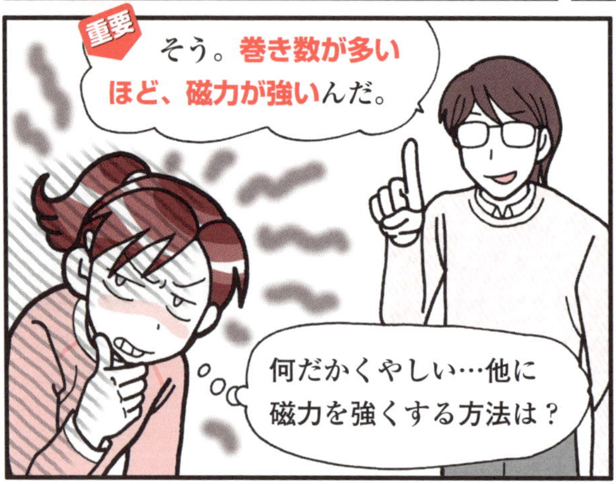

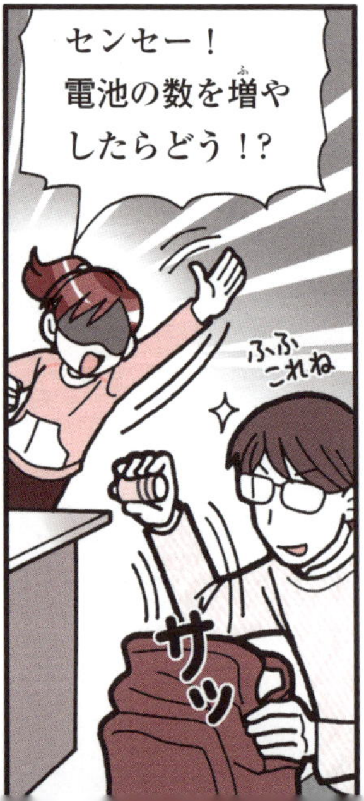

くわしく　コイルの巻き数を２倍、３倍、…にすると、磁力の強さも２倍、３倍、…になる。

4 電磁石のはたらき

よし！じゃ巻き数300、電池2個で…

グルグルグルグルグル

ゼーゼー

4までくっついたわ！

むっやるな…でも5は無理か…

じゃ、鉄しんをこれにかえてみて。

太い鉄しん？

おー5がくっついた！

やられた!!

電磁石の磁力は、コイルの巻き数、電流の大きさ、鉄しんの太さに関係があるのさ。

	強い ←電磁石の強さ→ 弱い
巻き数	多い ←→ 少ない
電流	大きい ←→ 小さい
鉄しん	太い ←→ 細い

今度は磁界の向きを確かめよう。

両はしに方位磁針を置いてみよう。

N S　N　S　N S
電流

そうか、極があるはずだよね。

磁石はN極とS極が引き合うから…

左がN極、右がS極ね！

くわしく コイルの巻き数を変えて磁力の強さを比べるときは、コイルに流れる電流を同じにするため、あまった導線は切らずに残しておく。

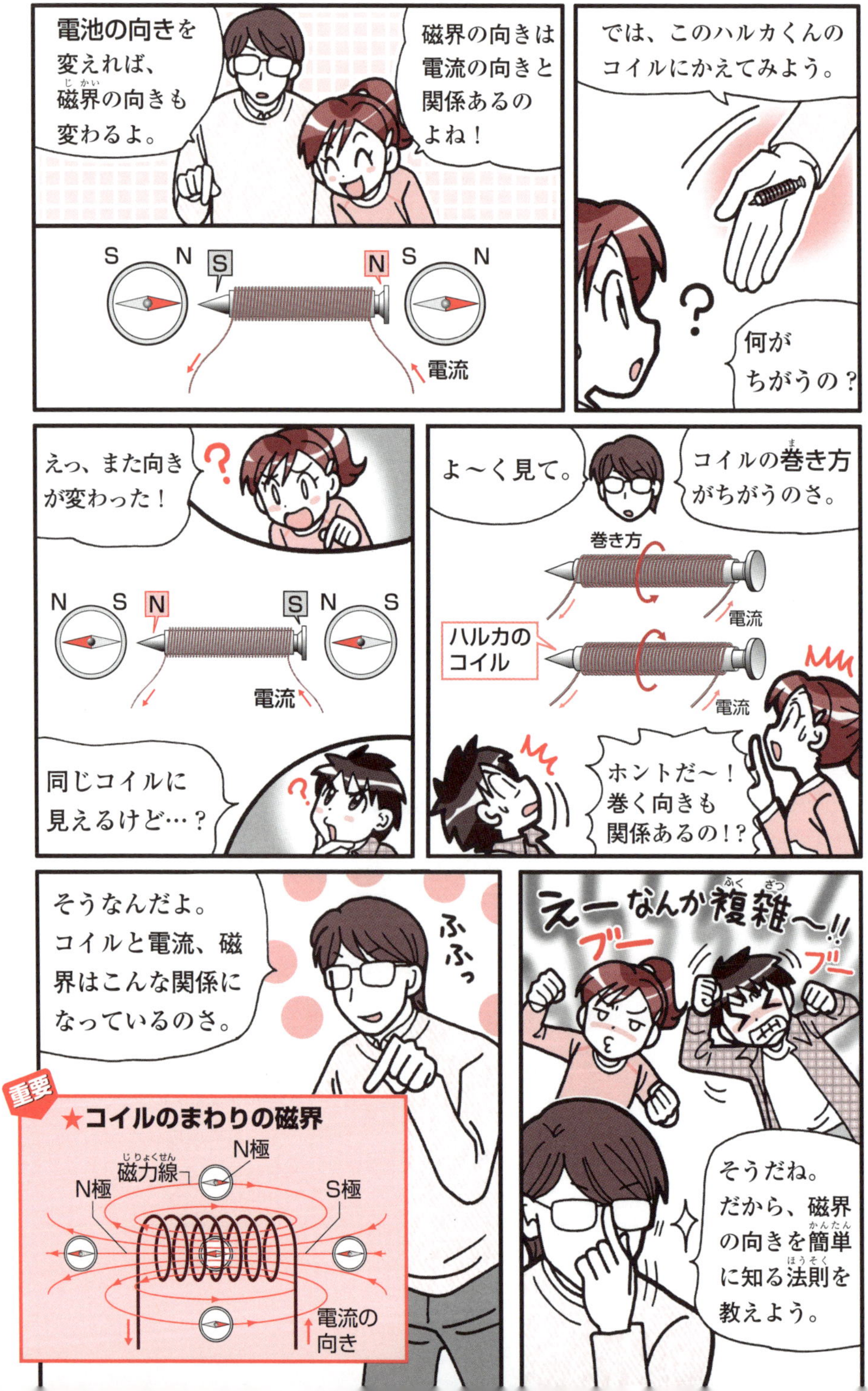
電池の向きを変えれば、磁界の向きも変わるよ。
磁界の向きは電流の向きと関係あるのよね！
S
N
S
N
S
N
電流
では、このハルカくんのコイルにかえてみよう。
？
何がちがうの？
えっ、また向きが変わった！
？
N
S
N
S
N
S
電流
同じコイルに見えるけど…？
？
よ〜く見て。
コイルの巻き方がちがうのさ。
巻き方
電流
ハルカのコイル
電流
ホントだ〜！巻く向きも関係あるの!?
そうなんだよ。コイルと電流、磁界はこんな関係になっているのさ。
ふふっ
重要
★コイルのまわりの磁界
磁力線
N極
N極
S極
電流の向き
えーなんか複雑〜!!
ブー
ブー
そうだね。だから、磁界の向きを簡単に知る法則を教えよう。

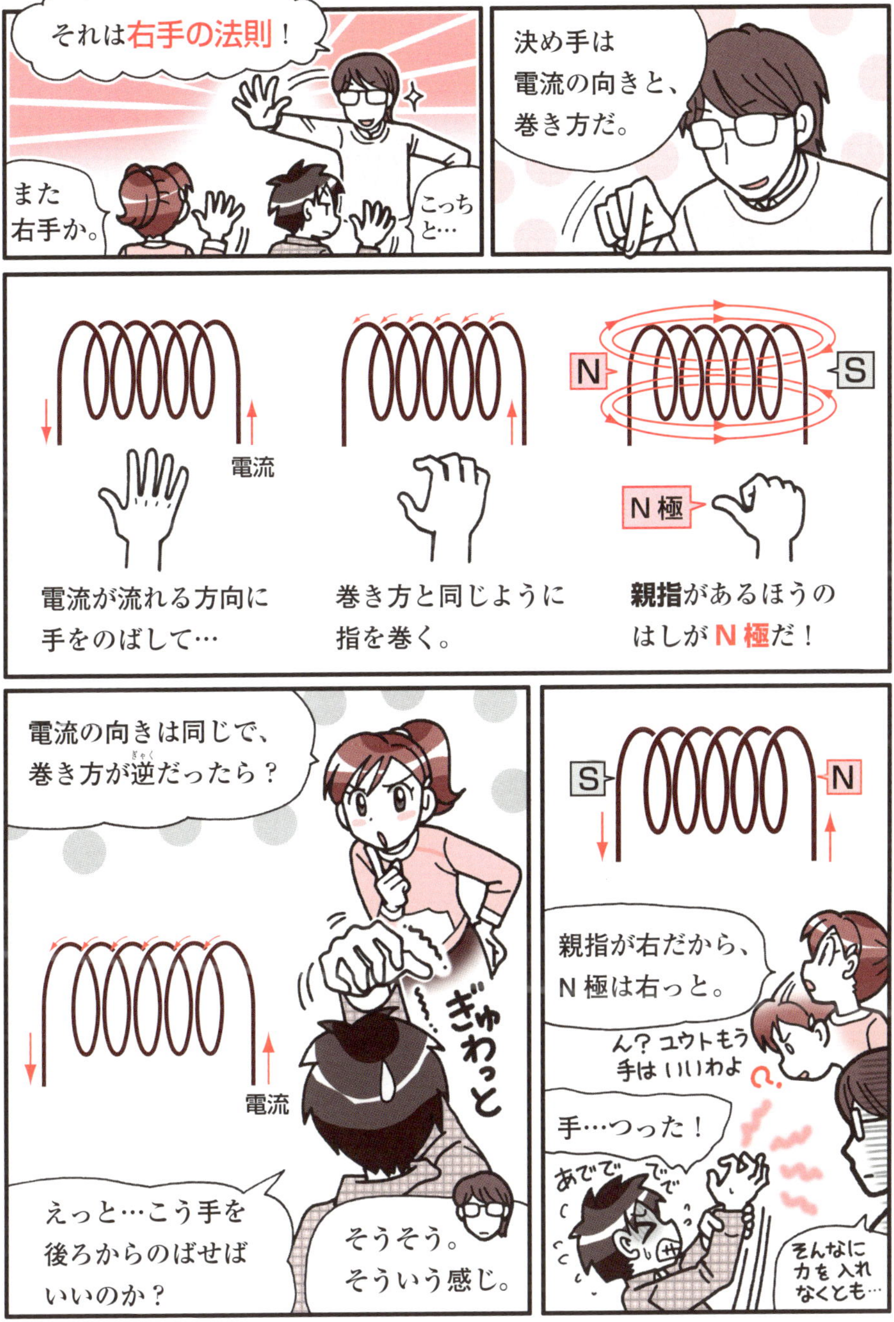

マメ知識 電磁石（でんじしゃく）をはしから見て、コイルに流れる電流の向きが左回りか右回りかがわかれば、何極かがわかる。左回りならN極、右回りならS極である。

第2章 電気

5 モーターを作ろう

どう？ 空飛ぶマグネット1！

ふふ

どうって言われても…

このモーターで回転させているんだ。

モーターには**磁石**と**電磁石**が入っているのさ。

これもモーターの一種さ。

ずいぶん簡単なつくりね。

何でできているの？

材料はかん電池、エナメル線、ゼムクリップ、フェライト磁石。

サッ サッ

それだけ？

作り方をくわしく解説してあげよう。

ふふっ

> **用語** モーター…磁石と電磁石を組み合わせることで、回転運動をする装置。電磁石に電流を流すと、電磁石が磁力をもち、磁石の極と引き合ったり、しりぞけ合ったりして回転する。

5 モーターを作ろう

★コイルモーターの作り方

① エナメル線を数回巻いて、コイルを作る。

6〜8回巻く。
太いマジックペンなど

② 紙やすりで、片方はエナメルを全部はがし、もう片方は下半分だけはがす。

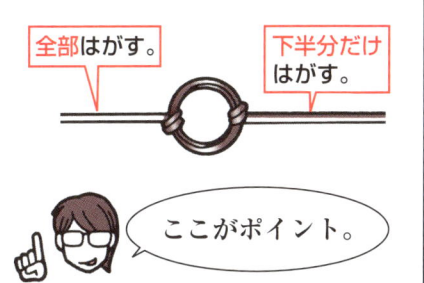

全部はがす。
下半分だけはがす。

ここがポイント。

③ かん電池の極にゼムクリップを取りつける。

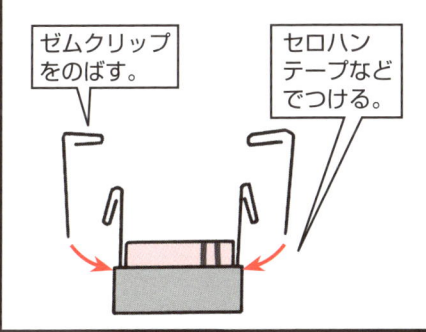

ゼムクリップをのばす。
セロハンテープなどでつける。

④ コイルをゼムクリップにのせる。（実験する直前にのせる。）

クリップの左右の高さをそろえる。

これをフェライト磁石に近づけると…

くる くる

フェライト磁石

あっ！回った回った！！

スゲー！これだけの装置でどうして回るんだ！？

くわしく エナメル線のエナメルをはがすときは、ていねいに、はがし残しのないようにする。きれいにはがれていないと、回らないことがある。

回るひみつはね、エナメルをはがさなかった部分さ。

はがしてない
はがしてある

せつめいしよう

エナメルをはがした部分がゼムクリップにつくと、コイルに電流が流れて電磁石になる。コイルに極ができるから、磁石に反発したり、引きつけられたりして回り始める。

電流が流れている
コイル
エナメル
S
N
反発する
引かれる
クリップ
フェライト磁石

半回転

半回転すると、エナメルをはがしていない部分がゼムクリップについて、電流が流れなくなる。磁界はなくなって、勢いで回るんだ。その後半回転すれば、またコイルに電流が流れて…と、くり返すから回転するんだよ。

電流が流れていない
勢いで回る
勢いで回る

半回転

ちなみにエナメルを全部はがしてしまうと、半分回っても電流が流れたままになるから、コイルは動かなくなってしまうんだよ。

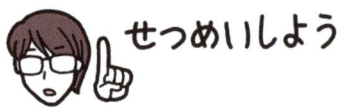

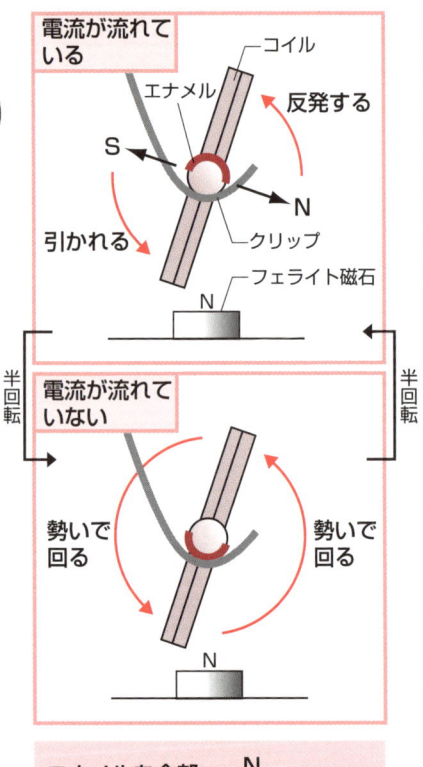

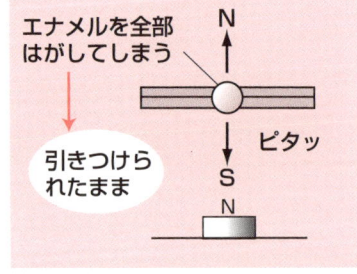

エナメルを全部はがしてしまう
N
S
引きつけられたまま
ピタッ

5 モーターを作ろう

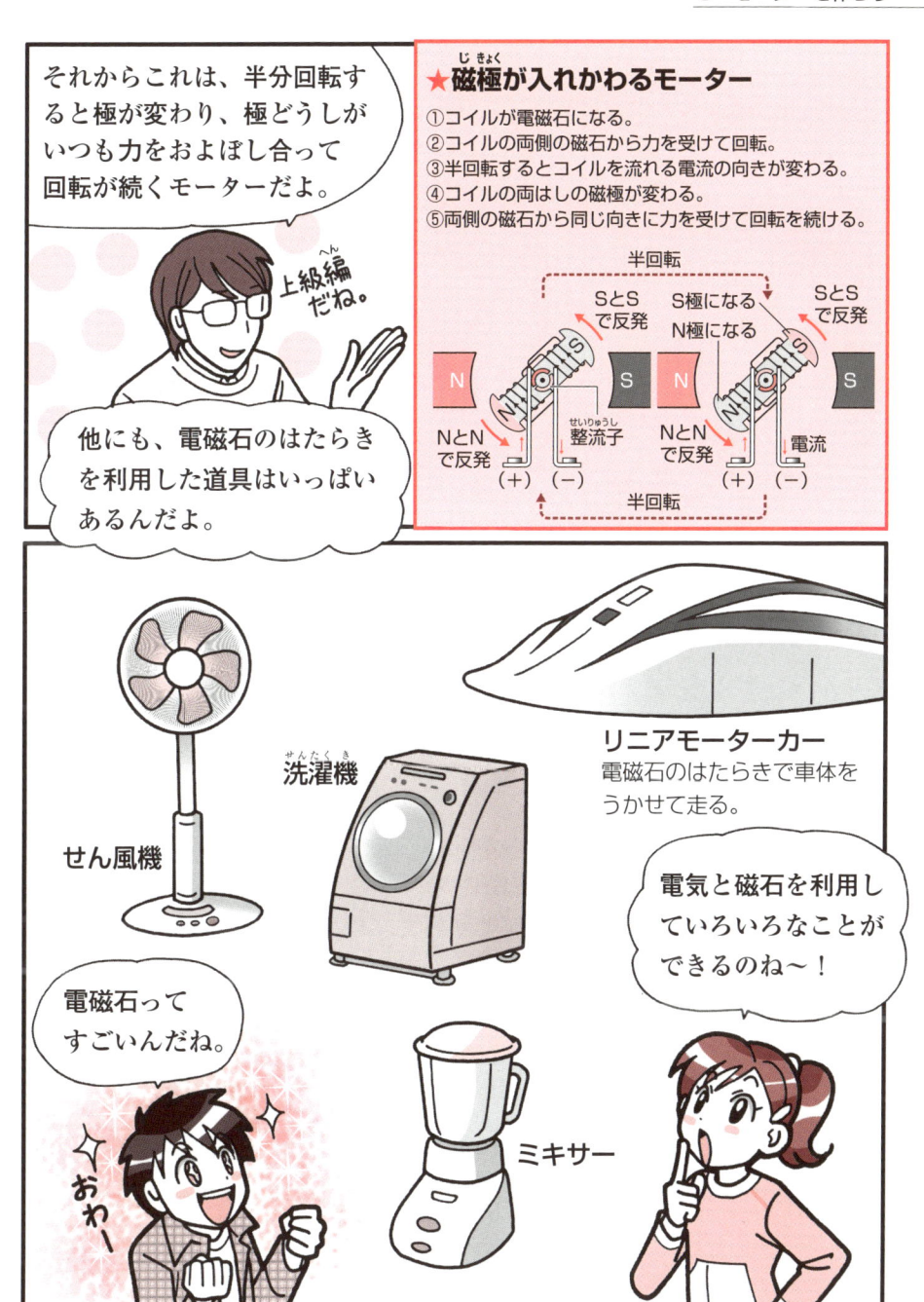

それからこれは、半分回転すると極が変わり、極どうしがいつも力をおよぼし合って回転が続くモーターだよ。

上級編だね。

★磁極が入れかわるモーター

①コイルが電磁石になる。
②コイルの両側の磁石から力を受けて回転。
③半回転するとコイルを流れる電流の向きが変わる。
④コイルの両はしの磁極が変わる。
⑤両側の磁石から同じ向きに力を受けて回転を続ける。

半回転
SとSで反発　S極になる　SとSで反発
　　　　　N極になる
N　　　　　　　　S　　N　　　　　　　　S
NとNで反発　整流子　NとNで反発　電流
　　　　（＋）（－）　　　　　（＋）（－）
半回転

他にも、電磁石のはたらきを利用した道具はいっぱいあるんだよ。

せん風機

洗濯機

リニアモーターカー
電磁石のはたらきで車体をうかせて走る。

電磁石ってすごいんだね。

おわー

ミキサー

電気と磁石を利用していろいろなことができるのね～！

くわしく モーターの磁石を回転させることによって電気を作ることができる。これを**発電機**という。自転車を走らせると明かりがつくライトには、このしくみを利用したものがある。

さてこれで、ぼくの授業(じゅぎょう)は終わり。今日で特別授業も終わりのはずだよ。
おつかれさま
よいしょ
えっ！
ホント！？
無事に終わったみたいね。
あれっ、先生たち！
ノホホ
セバスチャンもどってきました
キャハ！
本当に終わったんだ…
やったー!!!
二人ともよくがんばったじゃないか！
どばー
校長先生！
知らないうちに理科が得意になっちゃったもんね！
イエー
あれっ、ところで豪徳寺(ごうとくじ)さんは？
?

あ、あそこ…

あ！

くる！

ユウト！

何してるんですかー？

イ…イカン！

何これ テストだ！しかも0点！

あっ！

…20年前にまちがえてタイムカプセルに入れてしまったんだ。なんとか明日のオープンまでに取り返したかった…

そういえば明日そんなイベントがありましたね

豪徳寺さんも勉強できなかったのね〜！

気にすることないよ！やればできるようになるんだぜ！オレたちみたいに！

いやその…いいからそれ返して

いやー

終わり

重要ポイントのまとめ ▶▶▶ 電磁石とモーター

1 電磁石とは

基本 ●**コイル**…つつなどにエナメル線を何回も巻きつけたもの。

重要 ●**電磁石**…コイルの中に鉄しんを通して、磁石としてはたらくようにしたもの。

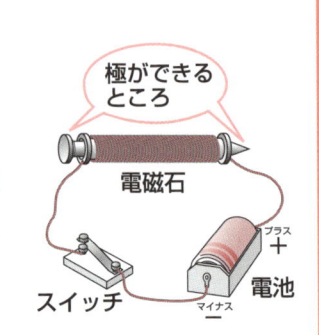

2 電磁石のまわりの磁界と極

●電磁石のまわりには、永久磁石と同じように**磁界**（磁力線）ができる。

重要 ●**磁界の向き**…N極からS極へ向かう向き。

●電磁石の磁界の向き→右手の4本の指を電流の向きに合わせてにぎったとき、**親指方向のはしがN極**になる。

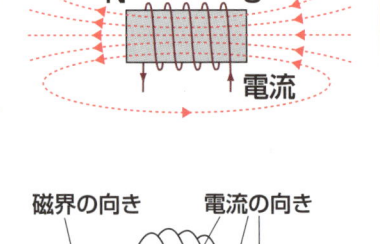

3 電磁石の強さ

●コイルに流れる**電流**の大**き**さが大きい。（強さ）（強い）
●コイルの**巻き数**が多い。
●**鉄しん**が太い。

→ 強い電磁石になる。

◆**入試に役立つ** 電磁石の強さを比べる

電磁石の強さを比べるときには、**電流、巻き数、鉄しんのうち2つの条件をそろえ、残る1つの条件だけ変えたもの**を比べる。

第2章 電気

まんがのおさらい ▶▶▶
基本例題で確認

下の図のような電磁石で、磁石の強さを比べました。巻き数はちがっていても、導線全体の長さは同じであり、鉄しんはすべて同じ太さとして、あとの問いに答えなさい。

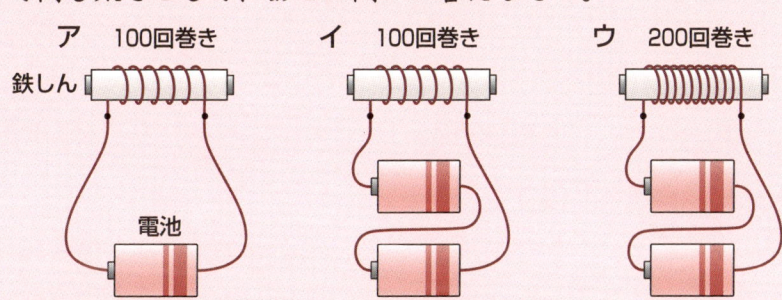

ア 100回巻き　　**イ** 100回巻き　　**ウ** 200回巻き

鉄しん

電池

(1) コイルに流れる電流の大きさと電磁石の強さの関係を調べるには、どれとどれを比べるとよいですか。ア～ウから2つ選びなさい。

(2) 最も強い電磁石はどれですか。

解き方 ▶▶▶

(1) ①電流の大きさと電磁石の強さを比べるので、**コイルの巻き数と鉄しんの太さが同じ**ものどうしで、**電流の大きさがちがう**組み合わせを選びます。鉄しんはすべて同じ太さです。

②**ア**と**イ**は電流の大きさだけがちがい、**イ**と**ウ**はコイルの巻き数だけがちがいます。

(2) ①電磁石の強さは、コイルに流れる電流の大きさ、コイルの巻き数、鉄しんの太さで比べることができます。

②**電流が最も大きく、巻き数が最も多い**ものを選びます。

答え　(1) アとイ　　(2) ウ

149

入試問題に挑戦!! 電磁石とモーター

1 電磁石の強さと極のでき方

下の図のようなA～Dの電磁石を作りました。電池や豆電球、鉄くぎ、エナメル線はすべて同じものです。あとの問いに答えなさい。

〈明大中野中改題〉

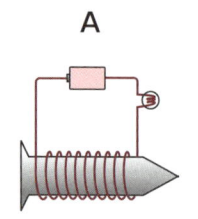

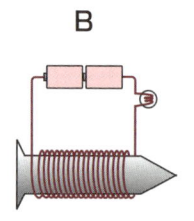

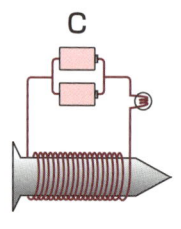

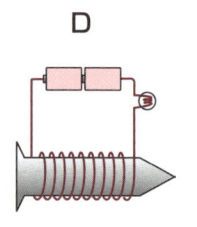

(1) 鉄くぎが最も強い電磁石になるのはどれですか。

〔　　　〕

(2) 右の図のように、Aの鉄くぎの先端近くに方位磁針を置くと、針はどのようにふれますか。次のア～エから1つ選びなさい。　　〔　　　〕

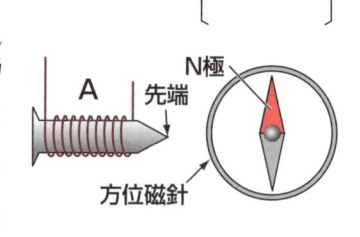

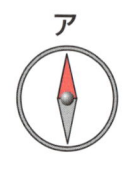

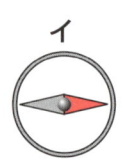

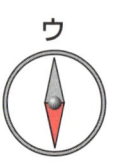

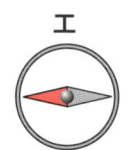

(3) 右の図のように、Aの鉄くぎの先端に、B、C、Dそれぞれの鉄くぎの頭を近づけました。2つの電磁石が引き合う場合は○、しりぞけ合う場合は×を書きなさい。

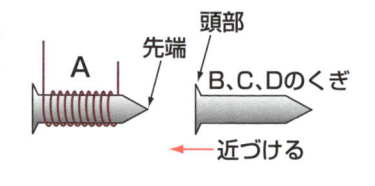

B〔　　　〕　C〔　　　〕　D〔　　　〕

2 電磁石の磁界・コイルモーター

下の図1のように、ゼムクリップにエナメル線を巻いてコイルを作りました。 〈西南学院中改題〉

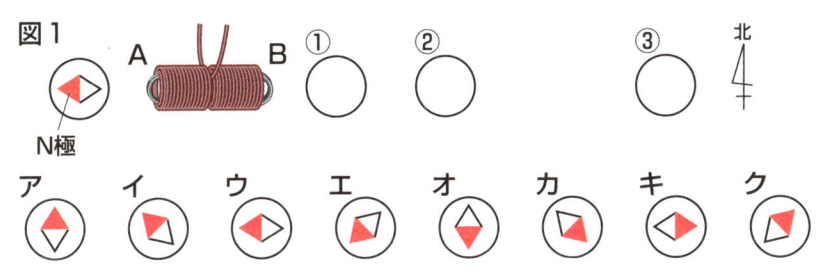

図1

A　B　①　②　③　北

N極

ア　イ　ウ　エ　オ　カ　キ　ク

(1) 北を向いていた方位磁針の横に、図1のようにコイルを置いて電流を流しました。コイルのA側の方位磁針が図のようになったとき、コイルのB側の①～③に置いた方位磁針はどのようになりますか。上のア～クから選びなさい。ただし、すべてちがう方向を向きました。　①〔　　〕②〔　　〕③〔　　〕

(2) コイルを使って、図2のようなモーターを作ります。モーターがよく回るようにするには、図3のコイルの両はしのエナメルのはがし方はどれが適当ですか。　〔　　〕

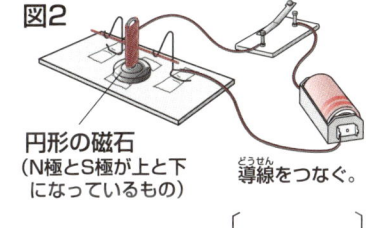

図2
円形の磁石
（N極とS極が上と下になっているもの）
導線をつなぐ。

ア．Xは全部はがし、Yは上半分をはがす。
イ．Xは全部はがし、Yは手前半分をはがす。
ウ．X、Yとも全部はがす。

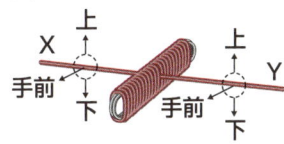

図3
X　上・手前・下
Y　上・手前・下

ヒント
2 (1) 方位磁針の針は、地球の磁界からも力を受けている。

ハイレベル総合問題 ▶▶▶ 電気

めざせ難関校!!

答えと解説…160ページ

1 図のように、豆電球A、B、電池C、D、スイッチ1〜8を用いて立方体の回路を作りました。ただし、豆電球、電池、スイッチはそれぞれ同じものを使っています。

スイッチ1、4、7、8を入れると、豆電球Aがつきます。このときの明るさに比べて、次の各問いの豆電球A、Bはそれぞれどのようになりますか。明るくなれば◎、変わらなければ○、暗くなれば△、つかなければ×と答えなさい。

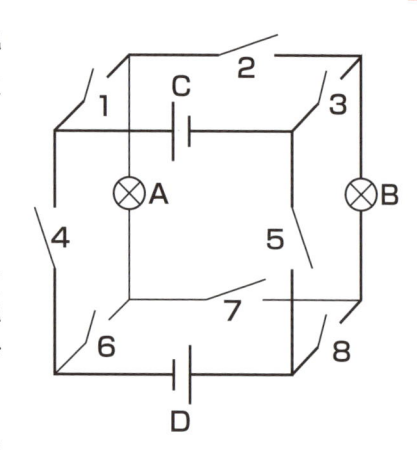

〈鷗友学園女子中改題〉

(1) スイッチ2、6、8を入れる。

〔A…　　　B…　　　〕

(2) スイッチ2、3、5、6、7を入れる。

〔A…　　　B…　　　〕

(3) スイッチ3、4、8を入れる。

〔A…　　　B…　　　〕

次に、電池Dの向きを逆向きにします。

(4) スイッチ1、4、5、7、8を入れる。

〔A…　　　B…　　　〕

(5) スイッチ1、2、4、5、7、8を入れる。

〔A…　　　B…　　　〕

ヒント!!

1 (1)〜(5) それぞれのスイッチの入れ方で、豆電球A、Bや電池C、Dが直列、並列のどちらのつなぎ方になっているかを調べる。

第2章 電気

2 同じ光電池をいくつか使い、下の**ア〜オ**のつなぎ方で、図1のようにモーターに取りつけたプロペラを回転させ、その速さを調べました。ただし、光電池を2個並列につないだり直列につないだりしたとき、電流と電圧（電流を流そうとするはたらき）の関係は右の**図2**のようになります。**ア〜オ**のつなぎ方のうち、プロペラが最も速く回るのはどれですか。1つ選び、記号で答えなさい。

〈専修大松戸中改題〉

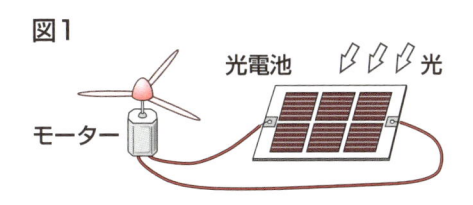

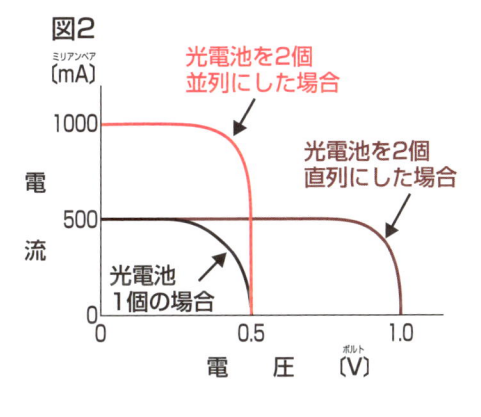

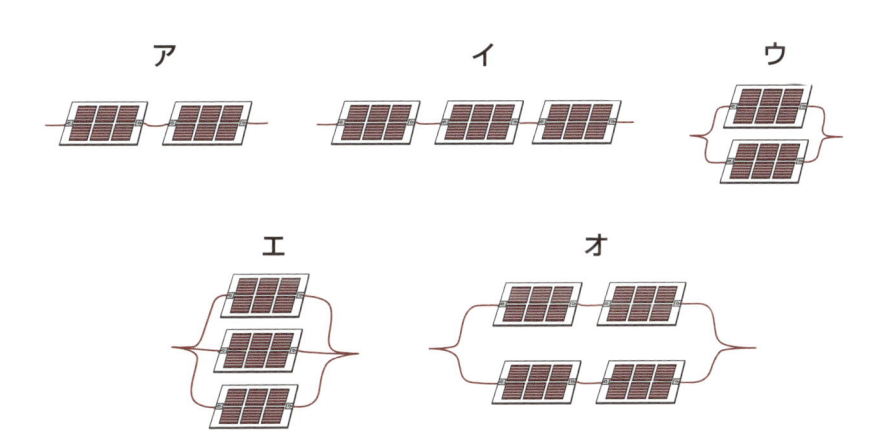

〔　　　　　〕

図1 モーター　光電池　光

図2 （mA） 光電池を2個並列にした場合 / 光電池を2個直列にした場合 / 光電池1個の場合　電流／電圧（V）

ア　イ　ウ　エ　オ

ヒント!!

2 図2によると、光電池を直列、並列につないだときに流れる電流の大きさ（強さ）は、かん電池をつないだときと逆の関係になっている。つまり、並列につないだときのほうが、電流は大きくなっている。

第2章 電気

実験器具の使い方　電流計の使い方

電流計のつなぎ方

電流計は、電流の流れる道すじ（回路）の間に**直列**になるようにつなぐ。

→ **1つの輪**になるようにつなぐ。

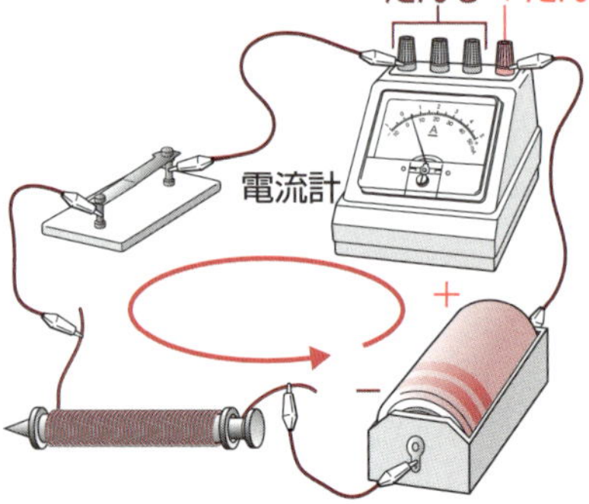

−たんし ＋たんし

電流計

たんしのつなぎ方

① かん電池の**＋極側**の導線を、電流計の**＋たんし**につなぐ。

② かん電池の**−極側**の導線を、電流計の**5A**の**−たんし**につないで、スイッチを入れる。

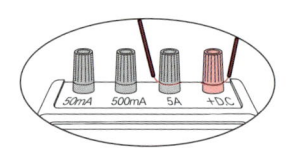

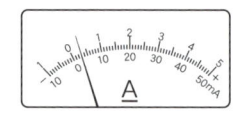

③ 針のふれが小さいときは**500mA**の**−たんし**につなぎかえる。

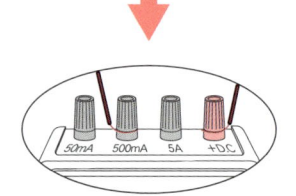

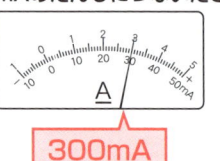

500mAの−たんしにつなぎかえると、針が大きくふれて、300mAの電流が流れていることがわかる。

④ それでも針のふれが小さいときは、**50mA**の**−たんしにつなぎかえる**。

5Aのたんしにつないだとき

500mAのたんしにつないだとき

300mA

★電流の単位
1000mA = 1A
500mA = 0.5A
50mA = 0.05A

⚠️ **注意**

● 電流計を直接かん電池につながないこと。

● 電流計を並列につながないこと。

答えと解説

26〜43ページの答えと解説

てこの利用とつり合い

▶▶▶ 26・27ページの答え

1　①…（エ）、（オ）
　　②…（ア）、（カ）
　　③…（イ）、（ウ）

2　(1) 25g
　　(2) 30cm
　　(3) 175g

3　(1) ウ
　　(2) 48g
　　(3) 50g

解説

1　（ア）〜（カ）の道具の支点、力点、作用点の位置は、下の図のようになる。

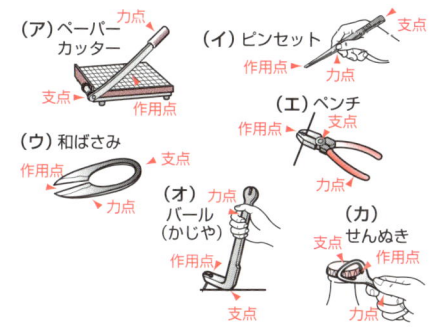

2　(1) 50 × 10 =［おもりAの重さ］× 20 より、おもりの重さは、500 ÷ 20 = 25〔g〕。

(2) 皿に何ものせていないときのおもりAの位置が、0gの目もり。

(3) 皿にのせたものの重さを□gとすると、おもりAをぼうの右はしにつり下げたときのつり合いより、

（□ + 50）× 10 = 25 × 90、□ = 175〔g〕である。

3　(1) ぼうなどをつり合わせるはたらきは独立してはたらくので、つり合っているてこに新たにおもりをつけ加えたときのつり合いは、つけ加えたおもりのつり合いだけを考えればよい。

(2) 図1より、バットを左回りに回すはたらきは、右回りに回すはたらきの、30 × 50 = 1500 と同じ。したがって、図2で左回りに回すはたらきの合計は、1500 + 30 × 30 = 2400 となる。A点につるすおもりは、2400 ÷ 50 = 48〔g〕。

(3) ひもがB点を上向きに引く力を□gとすると、□ × 30 = 1500、□ = 50〔g〕である。

輪じくとかっ車

▶▶▶ 42・43ページの答え

1　(1) 30g　　(2) 30cm
　　(3) 30g

2　(1) 5kg
　　(2) ① 5kg　　② 2m
　　(3) ① 40kg　　② 20kg

解説

1　(1) 90 × 3 =［①の重さ］× 9 より、［①の重さ］= 30〔g〕。

(2) 90gのおもりを10cm上げるには、じくがひもを10cm巻き取る必要があ

155

答えと解説

る。じくがひもを10cm巻き取るだけ回転したとき、同じ角度だけ回転する輪のほうからは、半径に比例して10cmの 3倍 の長さのひもが送り出される。

(3) 120 × 3 = ［ばねはかりにかかる力］× 12 より、ばねはかりは、360 ÷ 12 = 30〔g〕を示す。

2 (1) 10 ÷ 2 = 5〔kg〕

(2) ①荷物がつり下げられているのは動かっ車なので、10 ÷ 2 = 5〔kg〕。
②持ち上げる力が $\frac{1}{2}$ になるので、ひもは 荷物が持ち上がる高さの2倍 のきょりを引かなければならない。

(3) ①定かっ車で40kgの荷物を持ち上げると考えればよい。
②A君がひもを持って引いているので、台を引き上げる力はA君がひもを引く力と同じ大きさ。A君は 台、手でつかんだひもの両方 で上向きに引かれるので、ひもを引く力は体重の $\frac{1}{2}$ の大きさ。

ばねのはたらき

▶▶▶ 60・61ページの答え

1 (1) 8cm
(2) (あ)…40cm
　　(い)…39cm
　　(う)…36cm
2 (1) B　　(2) 11cm
(3) 18cm　(4) 21cm

解説

1 (1) グラフによると、ばねは20gで4cmのびている。40gでは8cmのびる。

(2) (あ)…ばねの元の長さは12cm（グラフで、鉄球の重さが0gのとき）、各ばねののびは8cm。直列つなぎ全体の長さは、(12 + 8) × 2 = 40〔cm〕
(い)…上のばねには2つの鉄球の重さの合計40gがかかり、長さは20cm。下のばねには20gがかかり、長さは16cm。全体で、20 + 3 + 16 = 39〔cm〕。
(う)…上の並列つなぎのばねには20gずつ、下のばねには40gがかかる。16 + 20 = 36〔cm〕となる。

2 (1) Aのばねは80gで2cm、Bのばねは80gで4cm、Cのばねは40gで4cmのびている。60gのおもりをつるすと、Aのばねは、$10 + 2 × \frac{60}{80} = 11.5$〔cm〕、Bのばねは、$10 + 4 × \frac{60}{80} = 13$〔cm〕、Cのばねは、$6 + 4 × \frac{60}{40} = 12$〔cm〕となる。

(2) ばねAは80gで2cm、40gでは1cmのびる。10 + 1 = 11〔cm〕

(3) Aののびは3cmなので、おもりの重さは、$80 × \frac{3}{2} = 120$〔g〕。Cのばねは120gで、$4 × \frac{120}{40} = 12$〔cm〕のび、6 + 12 = 18〔cm〕になる。

(4) Aは40gで11cm、Cは40gで10cmの長さになるから、その和は21cm。

60〜97ページの答えと解説

浮力のはたらきとつり合い

▶▶▶ 76・77ページの答え

1 (1) 70g
  (2) 同じ体積の食塩水は水より重いので、浮力が大きくなったから。
2 (1) 140cm³ (2) 280g
  (3) 140g (4) 60cm³
  (5) 0.75g

解説

1 (1) 体積が30cm³なので、物体にはたらく浮力は30gである。この浮力が台はかりにかかって、100gを示している。100 − 30 = 70〔g〕
  (2) 液体1cm³あたりの重さは食塩水のほうが水より重いので、同じ体積をおしのけたときの浮力は大きくなる。

2 (1) 物体Aの体積と同じ140cm³。
  (2) 140cm³の水をおしのけているので、140cm³の水の重さが、浮力と等しい。420 − 140 = 280〔g〕
  (3) ういている物体にはたらいている浮力の大きさは、物体の重さに等しい。
  (4) 浮力が140gであるから、物体Bがおしのけている水の体積、つまり物体Bの水面下の部分が140cm³。
  (5) 物体AとBを合わせた重さは、420 + 140 = 560〔g〕なので、全体の浮力は、560 − 338 = 222〔g〕。また、物体がおしのけている液体の体積の和は、$140 + 200 \times \frac{(100 − 22)}{100} = 296$〔cm³〕である。おしのけた液体の重さが浮力に等しいので、液体1cm³あたりの重さは、222 ÷ 296 = 0.75〔g〕。

おもりのはたらき

▶▶▶ 96・97ページの答え

1 (1) イ (2) イ
  (3) エ
2 (1) イ (2) ア
  (3) ア

解説

1 (1) ふりこの長さが同じ場合、ふれはばに関係なく1往復の時間は一定。したがって、おもりがいちばん下にきたときの速さはふれはばが大きいほど速くなる。
  (2) 図4のほうがふりこの長さが長いので、1往復の時間も長くなる。
  (3) 図4のふりこは長さが最も長いので、1往復の時間も最も長く、1分間にふれる回数は最も少なくなる。

2 (1) 落下点までのきょりは、飛び出す瞬間の速さで決まり、その速さが速いほど遠くまで飛ぶ。球の速さは高さだけで決まり、球の重さには関係ない。
  (2) レールのかたむきをゆるくすると、A点の高さは低くなる。そのため、球が飛び出す速さはおそくなる。
  (3) ガラス球より重い鉄球にぶつかる

157

答えと解説

と、鉄球が飛び出す速さはおそくなる。

ハイレベル総合問題 力と運動
▶▶▶ 98・99ページの答え

1 (1) 12kg　(2) 3m
2 (1) 29.4m　(2) 8.0秒

解説

1 (1) ぼうの重心は、支点から左へ1.5m移動した点(ぼうの中心)にある。ぼうの重さは、重心に2kgのおもりをつるしているのと同じはたらきをする。また、赤いひもは最大9kgまで、青いひもは最大5kgまでたえられる。はしAにはたらく最大の力を(9＋□)kgとすると、□×4＋2×1.5＝5×3、□＝3〔kg〕で、はしAには最大で、9＋3＝12〔kg〕のおもりをつるすことができる。

(2) 17kgのおもりを支点側から順に移動してみる。Bの位置におもりがくると、おもりとぼうの重さによる、ぼうを左回りに回そうとするはたらきは、17×3＋2×1.5＝54となる。青、赤、白の各ひもが支える力による、ぼうを右回りに回そうとするはたらきの合計は、5×4＋9×3＋3×2＝53なので、このとき、ひもがたえきれずに切れてしまう。

2 (1) ①の場合は、しゃ面の長さが最も短いので、台車がしゃ面を下りその速さが増えていく時間は最も短く、その運動は図2でいちばん左のグラフで示される。台車がSに達して速さが一定になるのは2秒後なので、毎秒9.8mの速さでST間を3秒で進んでいる。ST＝9.8×3＝29.4〔m〕。

(2) しゃ面の長さが4.9m増えるごとに、台車がしゃ面OS上を動く時間は1秒ずつ長くなっているので、③のときより1秒長く、5秒となる。ST間を動く時間は変わらず3秒である。

電流と回路
▶▶▶ 120・121ページの答え

1 (1) (う)、(え)、(か)、(く)
　(2) (き)、(け)
　(3) (お)
2 (1) ③　(2) a、b
　(3) ②

解説

1 (1) 各豆電球と電池を流れる電流は、次のようになる。豆電球1個に流れる電流が(あ)と同じになる回路を選ぶ。

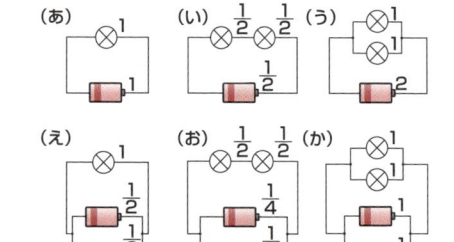

158

98～151ページの答えと解説

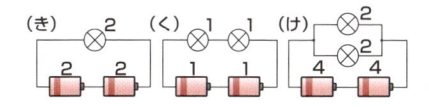

(き) 2 ⊗ 2　(く) 1 ⊗ 1　(け) 2 ⊗ 2
　2　2　　　1　1　　　4　4

(2) (1)の図で、豆電球に流れる電流が最も大きい回路を選ぶ。

(3) 電池から出ていく電流が最も小さいのは（お）。

2(1) スイッチa、b、cが開いているときは、右の図のような回路。

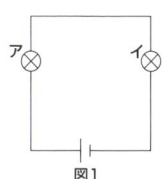

(2) 豆電球アとイが並列になるか、豆電球イだけが電池につながるようにする。スイッチa、bを入れると、豆電球アは両はしがショートするのでつかない。

(3) 図2の回路でスイッチa、bだけを入れると、右の図のように豆電球アとウが並列につながり、それとイが直列につながる。豆電球ア、ウには同じ大きさの電流が流れ、イはその和の電流が流れる。

電流のはたらき

▶▶▶ 134・135ページの答え

1(1) NE　(2) N
2(1) S極　(2) エ
　(3) 7°

解説

1(1) 図3は、図2と比べると電流の向き、方位磁針の位置の2つが逆になっているので、針のふれ方は図2と同じ。

(2) 上の導線の電流ではNE、下の導線の電流ではNWの向きにそれぞれふれるので、はたらきが打ち消し合い、針のN極はNの向きに向いたまま。

2(1) 磁石のN極とS極とが引き合う。

(2) ふれの角度は同じで、ふれる向きだけが逆になる。

(3) 表のはんいでは、角度は電流と比例しているので、5：□＝ 0.7：0.98、□＝ 7〔°〕となる。

電磁石とモーター

▶▶▶ 150・151ページの答え

1(1) B　(2) イ
　(3) B…○、C…○、D…×
2(1) ①…ウ　②…イ　③…ア
　(2) イ

解説

1(1) コイルに流れる電流が最も大きく、コイルの巻き数が最も多いものを選ぶ。

(2)・(3) 右手でコイルをにぎる方法で極のでき方を調べると、右の図のようになる。Aの鉄くぎ

答えと解説

152・153 ページの答えと解説

の先端はN極なので、N極はしりぞけ合い、S極は引き合う。

(2) コイル（電磁石）からはなれるほど、コイルによる磁界が弱くなる。

(2) コイルのはしが真下に向いたとき、電流が流れるようにする。

ハイレベル総合問題 電気

▶▶▶ 152・153 ページの答え

1 (1) A…△　B…△
(2) A…○　B…○
(3) A…×　B…◎
(4) A…○　B…×
(5) A…○　B…○

2 エ

解説

1 (1) スイッチ1、4、7、8を入れると、豆電球Aと電池Dがつながった回路になる（このときの電流が基準）。スイッチ2、6、8を入れると電池Dに豆電球A、Bが直列につながる。

(2) 豆電球A、Bが電池Dに並列につながる。

(3) 電池C、Dが直列につながり、それに豆電球Bが1個つながる。

(4) 電池C、Dが並列につながり、豆電球Aが1個つながる。

(5) 豆電球A、Bが並列、電池C、Dも並列につながる。

2 図2のグラフは、光電池の場合は並列につなぐと電流が大きくなり、直列につなぐと1個のときと変わらないことを示している。

● 監修＝木村 紳一　　● まんが＝筒井 千夏
● 編集協力＝（有）きんずオフィス、長谷川千穂
● 表紙デザイン＝ナカムラグラフ＋ノモグラム
● 本文デザイン＝（株）テイク・オフ
● DTP ＝（株）明昌堂　データ管理コード：22-2031-2140（CS2／CS3／CC2019）
● 図版＝（株）アート工房

中学入試 まんが攻略BON! 理科 力・電気
新装版

ⓒ Gakken　　Printed in Japan
本書を代行業者等の第三者に依頼してスキャンやデジタル化することは、たとえ個人や家庭内の利用であっても、著作権法上、認められておりません。